논쟁하는 환경 교과서

논쟁하는 환경교과서

2018년 4월 9일 1쇄 펴냄
2018년 8월 1일 2쇄 펴냄
2020년 2월 27일 3쇄 펴냄

지 은 이 | 황정숙 김찬미 이금자 정원규 홍남기
펴 낸 이 | 김성배
편집 책임 | 정은희
표지 디자인 | 구수연
본문 디자인 | 임채영
일러스트 | 남동윤 함정선
관 리 | 유현미
제작 책임 | 김문갑

펴 낸 곳 | 도서출판 씨아이알
출판등록 | 제 2-3285호

주 소 | (04626) 서울특별시 중구 필동로8길 43(예장동 1-151)
전 화 | 02-2275-8603(대표)
팩 스 | 02-2265-9394
홈페이지 | www.circom.co.kr

ISBN 979-11-5610-393-6 03530
값 15,000원

일방적인 주장만 주입하는 교과서는 동작 그만

"논쟁하는" 환경교과서

황정숙 김찬미 이금자 정원규 홍남기

씨아이알

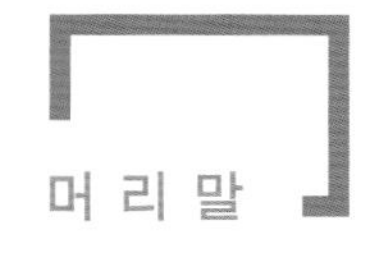

우리는 새 환경 교과서가 필요해요.

이 책은 2013년에 출판된 『논쟁하는 경제 교과서』, 2015년에 출판된 『논쟁하는 정치 교과서 1, 2』에 이어 세 번째로 기획된 『논쟁하는 환경 교과서』이다. 이 책들은 각각 다른 주제를 다루고 있지만 그것들을 모두 '논쟁적으로 다룬다는' 공통점을 가지고 있다. 이 시리즈를 기획한 목적은 서로 다른 의견이 해소되지 않은 채로 존재할 수 있다는 사실을 독자들이 인식하고, 그와 더불어 그러한 주제에 대해 어떻게 접근하고 판단해야 하는지를 스스로 생각해 볼 수 있도록 돕는 데 있다.

특히 『논쟁하는 환경 교과서』는 논쟁이 되는 문제 그 자체만이 아니라 논쟁의 배경이 되는 가치관, 사회에 대한 관점, 궁극적으로 그것들이 정치적으로 갖는 함의까지 다루어 보고자 했다. 그런데 한편으로 유감스러우면서도 또 한편으로 다행스러운 것은 다른 기획들과 달리 저자들 중 환경문제에 그리 정통한 사람이 없어서 저술 과정 자체가 그야말로 논쟁적이었다는 점이다. 그 결과 독자들이 스스로 생각하고 판단할 수 있는 여지가 더욱 많아졌다. 저자들이 마지막까지 합의하지 못한 부분은 전체 기획의도를 벗어나지 않는 범위에서 주집필자의 판단에 맡겨 처리하였으니, 독자들도 끝까지 비판적 태도를 유지하기를 당부드린다.

내용적으로 이 책은 여러 환경 문제들 중에서도 화석 연료와 에너지 문제를 둘러싼 쟁점에 초점을 맞추고 있으며, 이와 관련된 다양한 견해를 환경경제학, 생태주의, 지속가능론의 세 입장으로 구분하여 소개하고 있다. 그리고 이렇듯 다양한 관점의 차이가 존재하는 상황에서 환경 문제를 어떻게 해결할 수 있을지를 실천적으로 고민한다는 의미에서 녹색정치의 문제를 덧붙였다.

앞서 논쟁하는 교과서의 다른 시리즈들처럼 이 책에도 하나의 정해진 결론은 없다. 대표적인 몇몇 관점들을 소개하고 있지만 이 관점들이 전부인 것도 아니며, 독자들로 하여금 특정 관점을 택하도록 하는 데 목적을 두고 있지도 않다. 1장의 제목처럼 그동안 뻔하게 여겨왔던 환경문제가 결코 뻔하지 않다는 것에서부터 출발하여, 자신의 마음속에서 일어나고 있는 개인적인 환경적 갈등을 돌아보면서, 환경문제를 둘러싼 사회적 갈등과 쟁점을 좀 더 깊이 이해하고 성찰하는 계기를 마련하는 데 조금이나마 도움이 되기를 바란다. 그런 의미에서 각 관점을 대표하는 전문가 집단보다는 실제의 우리를 닮은 아이들과 사회 선생님의 입장에서 함께 질문을 던지며 읽어 보기를 권한다.

마지막으로 어려운 상황에서도 이 시리즈의 출판을 위해 가능한 모든 지원을 아끼지 않으신 도서출판 씨아이알 김성배 사장님과 반복되는 수정에도 인내심을 잃지 않으시고 편집을 담당해 주신 정은희 님, 그리고 끝까지 함께하지는 못했지만 환경 문제에 대한 저자들의 피상적인 지식을 심화할 수 있도록 도와주신 심임섭 선생님께 깊이 감사드린다.

저자 일동

Contents
차 례

01

환경 문제에 대한 논쟁, 뻔하지 않다

때 2010년대의 어느 날

장소 중학교 교실. 이 학교는 존 듀이와 셀레스탱 프레네의 정신에 입각한 혁신 학교를 지향하고 있다. 수업은 일방적인 시간표가 아니라 매주 학생들의 신청에 따라 강좌가 개설되고 폐지되는 형식이다. 오늘은 논쟁하는 환경 수업을 신청한 학생들의 첫 번째 수업이 있는 날이다. 교실에는 전자 칠판이 설치되어 있다. 또 심령학의 도움을 받아 이미 세상을 떠났거나 멀리 떨어진 나라에 있는 환경 문제 전문가들을 30분 동안 소환할 수 있는 마법 장치(소환기)도 비치하고 있다.

나오는 사람들

반갑습니다.
사회샘(사회 선생님)
사회를 담당하고 있는 교사
제가 좀 똑똑해요.
장공부
공부를 잘하는 학생이지만
교과서를 너무 믿는 경향이 있다.
제 생각이
날카롭죠.
모의심
교과서에 나오는 내용을 포함해 모든 것을
의심하는 경향이 있다.
이 수업을 잘 들으면 북극곰을
살릴 수 있나요?
진단순
매사를 단순하게 생각하며 편하고
노는 것이 마냥 좋은 학생이다.

사회샘 안녕하세요, 논쟁 수업 시간입니다. 많이 기다리셨죠?

학생들 네!

사회샘 아니, 이 반응은 뭔가요? 모두 싫다고 할 줄 알았는데, 너무 순순히 "네"라고 하니까 오히려 더 이상한데……. 무슨 일이죠?

모의심 선생님 스타일을 이미 다 알아버렸거든요. 저희가 "아니요!"라고 하면 선생님께서는 또 논쟁이 중요하다는 둥, 세상 모든 일이 그렇게 확실한 게 없다는 둥, 너희 생각은 어떻냐는 둥, 이런 질문들을 마구 퍼부으실 거잖아요?

진단순 그렇게 한참 잔소리를 하시고 또 수업을 하시니까, 그럴 바엔 그냥 순순히 따라가는 게 수업 시간도 줄이고 힘도 덜 빠지잖아요.

사회샘 이런, 완전히 간파당했네요. 여러분이 이런 창의적인(?) 방식으로 수업을 거부할 줄이야……. 그래도 기분이 나쁘지는 않네요. 제 수업을 통해 여러 가지 생각을 하게 되었다는 의미고,

또 논쟁은 "아니요!"라고 자기 생각을 분명하게 표현하는 것에서부터 시작하니까요.

그냥 순순히 따라오는 학생보다 이렇게 딴지를 걸어 주는 학생들이 더 좋답니다.

장공부 어라, 예상했던 반응은 이게 아닌데…….

모의심 거봐, 내가 안 먹힐 거라고 했잖아. 사회샘은 그렇게 쉬운 스타일이 아니라니까.

사회샘 아무튼 선생님도 여러분에게 쉽게 간파당하지 않도록 새로운 접근 방식을 찾아봐야겠어요. 그건 그렇고, 오늘의 논쟁 주제는…….

진단순 선생님, 아까 아닌 건 아니라고 말하는 학생이 좋다고 하셨죠?

사회샘 그랬죠.

진단순 저희는 오늘 수업이나 논쟁을 할 상태가 아닌 것 같아요. 그러니까 오늘 하루만 놀아요.

사회샘 음……, 노는 것도 나쁘지 않죠. 그럼 뭘 하며 놀고 싶어요?

모의심

야한 영화 봐요!

진단순

날씨도 좋은데 밖에 나가서 뛰어 놀아요!
어때요? 심신의 조화로운 발달을 위해서.
아, 이런 게 진정한 교육이죠!

사회샘 영화는 19금 정도는 봐야 여러분이 감동할 텐데, 학교에서 그건 어려울 것 같고…….

진단순 그러니까요, 밖에 나가서 대자연을 느끼는 거죠. 축구하면 어때요?

사회샘 축구를 하는 것도 대자연을 즐기는 것도 다 좋지만, 오늘은 안되겠는데…….

학생들 왜요?

사회샘

창 밖을 한번 보세요. 아까 단순이는 오늘 날씨가 좋다고 했지만, 비만 안 온다 뿐이지 뭔가 뿌연 게 끼어 있는 거 같지 않아요?

장공부 그러고보니 하늘이 희뿌옇네…….

사회샘 오늘은 황사에다가 미세먼지 농도도 아주 높은 날이에요. 이런 날 축구하면 여러분 오래 못 살아요.

학생들 에이, 괜히 수업하시려고 날씨 핑계 대시는 거잖아요.

사회샘 설마, 그런 의도는 절대 없어요. 저는 단지 사랑하는 제자들의 건강한 삶을 위해 어쩔 수 없이…….

미세먼지는 복합적인 성분을 가진 대기 부유 물질로 장기간 노출될 경우 호흡기 및 심혈관계 질환을 일으킬 위험이 높다. 미세먼지 농도가 높은 날에는 외출을 삼가고 마스크를 착용하여 노출 강도와 시간을 줄이는 것이 필요하다.(출처 : 연합뉴스)

장공부 

선생님, 그럼 오늘 환경 문제에 대해서 공부하면 어떨까요? 우리 일상 생활과 연관되어 있으니까 딱딱하게 공부한다는 느낌도 안 들고 좋을 것 같은데요.

진단순 이, 배신자.

모의심 어째 조용하다 했어.

장공부 내가 말 안 해도 선생님은 원래 수업하실 생각이었어. 그렇죠, 선생님? 이왕 수업할 바에야 주제라도 우리 맘에 드는 걸 고르는 게 좋잖아.

진단순 그 주제가 우리 맘에 든다고 누가 그래.

사회샘 여러분은 참 에너지가 넘쳐요. 매번 수업 시작할 때마다 이런 실랑이를 반복하는 게 힘들지도 않아요?

진단순 안 힘들어요. 그런데 선생님은 안 힘드세요? 한 번도 저희 이야기를 선뜻 들어 주시는 적이 없잖아요.

사회샘 여러분도 나중에 선생님이 되어 보면 알 거예요. 한 3년만 하면, 여러분이 어떻게 나올지 다 예상이 되죠. 아무튼 그럼 오늘은 환경 문제로 수업을 하도록 합시다. 축구는 맑은 날 하구요. 자, 이제 군소리 없기예요!

모의심 선생님, 장공부는 어떨지 몰라도 저는 환경 문제를 주제로 수업하는 건 별로예요. 초등학교 다닐 때부터 환경에 대한 수업을 여러 번 받았는데,

결론이 늘 뻔해서 재미가 없어요. "환경을 보호해야 한다. 그래야 지구도 살고 우리도 산다." 누가 그걸 모르나요?

그냥 실천이 어려워서 그런 거죠. 언제나 이렇게 똑같고 뻔한 결론이 정해져 있는데 어떻게 논쟁이 되겠어요? 한다고 해도 너무 재미없을 거 같아요.

진단순 맞아요, 그리고 제가 종이컵 하나 안 쓴다고 환경 보호가 뭐 얼마나 되겠어요? 기껏해야 지구 수명이 0.00000001초쯤 늘어나려나. 그냥 불편하기만 한 거죠. 그러니까 놀아요. 저는 오래 안 살아도 되거든요. 일찍 죽어도 절대 선생님을 원망하는 일은 없을 거예요.

모의심 단순이 의견에 한 표 던집니다. 아님 진짜 논쟁이 될 만한 다른 주제로 수업을 하시든가…….

장공부 의심이 말을 듣고 보니 결론이 너무 뻔한 게 아닌가 싶기도 하네요…….

2011년 기준으로 국내에서 연간 생산되는 일회용 컵은 150억여 개로 지름 50㎝ 상당의 나무 1,500만 그루가 사용된다고 한다. 또 종이컵을 생산하고 소비하는 과정에서도 화석 연료가 많이 사용되며, 종이컵은 잘 분해되지도 않는다.

사회샘 여러분 지금이 무슨 시간이죠?

학생들 논쟁 수업 시간이요.

사회샘 그럼 결론을 미리 내려놓거나, 뻔한 결론이 예상되는 문제를 가지고 논쟁할 수 있나요?

학생들 아니요! 그러니까 환경 문제는 논쟁을 하기에는 좋은 주제가 아니라는 거죠.

사회샘 선생님도 그 정도는 염두에 두고 있답니다. 그래서 오늘 수업은 '환경을 보호하자'는 것이 아니라, '환경을 어떻게 보호할 것인가?'를 주제로 잡아봤어요. 이건 입장이 제각각이니까 충분히 논쟁이 가능하죠. 어때요? 특히 의심이, 이제 만족스러워요?

진단순

무슨 말씀이신지, 잘 모르겠어요. '환경을 보호하자'는 거랑 '어떻게 보호할 것인가'가 그렇게 다른 문제인가요? 제가 보기엔 별 다를 게 없는 것 같은데요.

장공부

환경 보호는 무조건 많이 하면 좋은 거 아닌가요?

모의심

선생님은 환경 보호의 방법에 대해 이야기하고 계신 거니까, 환경 보호한다고 공장을 다 닫을 수는 없다는 말씀이신 것 같네. 그래도 결론은 뻔할 거야. '경제도 고려하면서 환경도 적당히 보호해야 한다.' 정도겠지. 사회 교과서가 말해 주잖아. 애매할 때는 "조화를 추구한다."가 답이라구.

사회샘 여러분은 환경 문제에 대해 너무 단순하게 생각하고 있는 것 같군요. 물론 이렇게 된 데는 여러분의 책임보다는 선생님을 비롯해서 학교, 사회, 교과서의 책임이 더 큰 것 같아 한편으로는 미안하고 안타까워요. 하지만 선생님이 누군가요? 모든 가능성을 염두에 두고 준비를 게을리하지 않는 훌륭한 선생님이 아니던가요?

모의심 와, 어떻게 그런 말을 스스로? 선생님, 정말 놀라워요.

사회샘 놀랍죠, 선생님은 항상 여러분의 기대를 넘어서려고 노력하고 있어요. 아무튼 환경 보호의 방법에 대한 문제가 결코 뻔하지 않다는 것을 보여 주기 위해 수업을 도와주실 몇 분의 손님을 초대했어요.

사회샘 어서 오세요. 오늘 모신 분들은 각각 **환경경제학, 생태주의, 지속가능론**의 입장을 가지고 계신 분들이신데요, 여러분들이 환경 문제가 무엇인지,

어떤 쟁점들이 있는지를 더 깊이 이해할 수 있도록 쟁점을 분명히 하는 것을 도와주실 거예요. 물론 각각의 입장에서 환경 문제에 관한 지식과 정보를 제공해 주실 거구요.

도환경

안녕하세요, 환경도 생각하는 경제학자, '도환경'입니다.

많은 사람들이 경제학을 전공하거나 산업 현장에 있는 사람들은 환경 보호에 큰 관심을 두지 않는다고 생각하고 계실 거예요. 물론 실제로 그런 경향이 있긴 합니다. 하지만 경제학자들 중에서도 환경 문제를 중요하게 생각하고 경제 성장의 범위 내에서 이를 해결하는 방안을 찾고 있는 사람들이 많이 있어요. 저 역시 그런 입장을 가지고 있습니다. 특히 현대에 와서 환경 산업이 하나의 경제적 흐름을 형성할 정도로 발전하고 있기 때문에, 경제 성장을 위해서라도 환경 문제를 외면해서는 안 되는 거죠.

모의심 음……, 어딘지 모르게 사이비 환경주의자의 냄새가…… 진짜 환경이 중요해서 보호한다는 건지, 경제 성장에 도움이 되니까 보호한다는 건지 헷갈리는데.

진단순 이게 아까 의심이 네가 말한 교과서적인 답 아냐? 경제도 생각하고 환경도 좀 보호하자, 뭐 그런 거…….

장공부 그래도 말씀 들으니까 일리가 있는데 뭘. 완전히 경제 성장만 주장하시는 게 아니니까 더 설득력이 있지.

오생태 음……, 흠……, 이제 제 소개를 해도 될까요? 우선 초대해 주셔서 감사합니다. 학생들이 표정이 아주 밝고 좋네요. 수업에 열의도 있는 것 같고.

저는 앞에 소개한 도환경 님과는 달리 정통 환경주의자, 오직 환경만을 생각하는 '오생태'라고 합니다.

진단순 오직 환경만 생각하시면 '오환경'이란 이름이 더 어울리실 것 같은데…….

오생태 안 그래도 그 이야기를 하려고 했습니다. 요즘 무늬만 환경주의자인 경우가 너무 많아서, 저와 제 동료들은 '환경주의'라는 말 대신 '생태주의'라는 용어를 사용하고 있습니다. '**생태주의**'란 우리 인간을 비롯한 모든 생물이 서로 조화를 이루며 살아갈 수 있어야 한다고 생각하는 사람들의 입장을 지칭하는 용어예요.

모의심 어쩐지 두 분이 한번은 크게 싸울 것 같다.

장공부 그런 사람들 모아 오는 게 우리 선생님 특기잖아.

진단순 그런 거 구경하는 재미라도 있어야 수업을 듣지. 안 그러면 무슨 재미로 듣겠어.

오함께

안녕하세요. 저는 환경 보호를 주장하는 사람들 간에 화해와 타협이 필요하다고 생각하고, 또 실제로 가능하다고 믿고 있는 '오함께'입니다.

여기에 모인 사람들은 모두 환경을 보호해야 한다고, 또 생태계를 보전, 복원해야 한다고 생각하는 사람들입니다. 환경 보호를 하는 데 선호하는 방법이나 우선순위가 좀 다르면 어떻습니까? 서로 조금씩 양보하는 태도를 취하면 별로 다툴 일이 아닌 거죠. 우리 모두 '**오래 함께**' 살아가려면 타협의 자세가 필요해요.

장공부 성도 그렇고, '함께'라는 이름도 어쩐지 다른 생명과의 조화를 추구하는 오생태님하고 더 친하실 것 같은데…….

모의심 난 더 모르겠다. 이건 뭐 이도 저도 아닌 것 같은 느낌이야. 이거야말로 사회 교과서의 모범답안이잖아. '타협, 조화', 이걸 몰라서 안 하는 게 아니잖아?

진단순 난 세 분 다 별로 다르게 느껴지지 않는데……, 무슨 차이가 있는 거지?

장공부 이렇게 고민만 하지 말고, 그냥 솔직히 여쭤 보자.

저, 세 분 말씀 중에 죄송한데, 저희는 세 분의 입장이 어떻게 다른지 잘 모르겠어요……. 차이를 설명해 주실 수 있으신가요?

사회샘 그게 바로 오늘 우리 수업에서 본격적으로 다룰 내용인데, 어떻게 알았지? 논쟁해야 하니까 설명은 생략!

학생들 서…… 선생님.

사회샘 (뻔뻔스럽게) 오늘 수업의 진행에 대해 간략하게 설명하고 시작할게요. 우선 우리가 이렇게 환경 문제에 대해 논쟁을 하게 된 계기가 뭐였는지 떠올려 봐요. 뭐 때문이었나요?

모의심 뭐긴요. 선생님의 계략……. 아니, 정해진 계획 덕분이죠.

진단순 얘기는 미세먼지랑 황사로 시작되었죠. 거기에 장공부까지 가세하는 바람에…….

사회샘 그래요. 우리가 축구를 할 수 없게 만든 황사랑 미세먼지 때문에 여기까지 오게 된 거죠. 그래서 세 분의 이야기를 본격적으로 듣기 전에 과거에 비해 오늘날 미세먼지나 황사 같은 이런 대기 오염이 어떻게 증가하게 되었는지 먼저 살펴볼 거예요.

여러분 혹시 황사와 미세먼지의 차이가 뭔지 알고 있나요?

진단순 둘 다 같은 거 아닌가요? 노란 미세먼지를 황사라고 부르는 건가?

장공부 황사는 누런 모래, 미세먼지는 아주 작은 크기의 먼지라고 알고 있어요.

모의심 모르면 그냥 모른다고 해.

사회샘 음……, 모두 정확히는 모르는군요. 일단 선생님이 간략하게 설명해 줄게요. 일단 황사부터 설명하면, 여러분이 잘 아는 것처럼 황사는 기본적으로 '**누런 모래가루**'고, 주로 봄철에 중국에서 날아와요. 하지만 미세먼지는 '**매연이나 자동차 배기가스로 인해 발생하는 가늘고 작은 먼지입자**'예요. 꼭 중국에서만 날아오는 것이 아니고, 또 특정 시기에만 발생하는 것도 아니라서 환경이 악화되면 언제든 나타나 우리를 괴롭히지요.

미세먼지란?

지름 10㎛(마이크로 미터) 이하의 가늘고 작은 먼지 입자를 미세먼지라 하며, 지름 2.5㎛ 이하를 초미세먼지라 한다. 머리카락 한 올 굵기의 수십 분의 일 크기인 미세먼지는 납, 오존, 일산화탄소, 아황산가스 등과 같은 대기 오염물질과 오랫동안 대기 중을 떠다니는 유해물질로 이루어져 있다. (1㎛=1/100만m)

진단순

그런데 미세먼지가 왜 문제가 되나요? 우리가 청소만 해도 먼지는 늘 발생하는 거고, 또 깨끗하게 청소해도 먼지가 없을 수는 없잖아요. 게다가 미세먼지라고 해도 일 년 열두 달 계속 발생하는 것은 아닐 텐데, 우리가 먼지를 좀 마신다고 해서 문제가 될 게 있나요?

사회샘 환경 오염이 심하지 않은 상태에서도 우리는 매일 조금씩 먼지를 마시며 살죠. 그래요, 조금 마시는 건 별로 문제가 안 될 수도 있어요. 하지만 뭐든 심하면 문제가 되죠. 황사도 그렇지만, 특히 미세먼지는 너무 작아서 우리 몸에 그대로 흡수되기 때문에 문제가 더 심각해요.

장공부 그대로 흡수된다고요? 생물 시간에 코털이 먼지를 걸러준다고 들었는데…….

사회샘 미세먼지는 너무 작아서 코털이나 기관지가 걸러주지 못하고 그대로 폐까지 들어갈 수 있어요. 미세먼지가 폐에 들어가면 각종 염증을 일으키고, 혈관으로 들어가 피를 탁하게 만들어서 결과적으로 우리 몸 전체의 면역 기능을 떨어뜨리게 되는 거죠. 그리고 꼭 폐까지 흡입되지 않더라도, 각종 눈병이나 아토피의 원인이 되기도 해요.

장공부

생각보다 무섭네요. 운동장에 안 나가길 잘한 것 같아요.

중국에서 날아오는 미세먼지와 함께 석탄 화력 발전소도 미세먼지의 원인 중의 하나로 지목되고 있다.

진단순 그런데 저는 황사나 미세먼지 때문에 나쁜 환경에 적응하느라 요즘 태어나는 아이들은 속눈썹이 더 길다고 하는 이야기를 들은 적이 있어요. 제가 잘 모르기는 하지만 그렇게 보면 미세먼지가 꼭 나쁜 점만 있는 것은 아니지 않나요?

모의심 속눈썹 길어지는 게 좋아서 미세먼지가 좋다는 거야? 으이구…… 진단순.

그런데, 선생님, 황사도 처음에는 아주 나쁜 것이라는 이야기만 듣다가, 토양을 중성화하고, 공기중의 먼지를 제거하며, 적조 현상을 부분적으로 막아준다는 글을 읽은 적이 있어요. 그렇다면 미세먼지도 좋은 점이 있을 수 있지 않을까요?

사회샘 좋은 질문이에요. 여러분 생각을 듣고 보니까, 미세먼지가 정말 뭐가 문제인지를 먼저 찬찬히 들여다볼 필요가 있네요. 이러한 미세먼지가 발생하는 주된 원인이 화석 연료 사용이기 때문에, 전체적으로 화석 연료 사용이 어떤 문제를 초래하는지 개괄적으로 검토하면 좋겠다는 생각이 드네요.

진단순 문제점 전반을 개괄적으로 검토하시겠다니…….

모의심 그걸로 끝이 아닐걸.

장공부 이건 논쟁거리가 아니라 지식에 대한 거니까, 선생님이 설명해 주실 거죠?

사회샘 음……, 일단 뭘 좀 알아야 논쟁을 할 수 있겠죠? 그리고 이야기하다 보면 여러분들이 알아서 질문도 하고 할 테니까요. 아무튼 화석 연료로 인한 문제점을 알아보고, 이에 대해 앞서 소개드린 세 분의 입장을 좀 더 구체적으로 들어볼 거예요.

기술적인 측면뿐만 아니라, 사회 구조나 가치관의 문제까지 깊이 이야기를 나눠 보면 세 입장이 어떻게 다른지 잘 이해할 수 있을 거예요.

모의심 그런데, 그렇게 세 분 이야기를 듣고 나면 뭐가 달라져요? 그냥 환경 보호에는 이런 세 가지 입장이 있다……, 뭐 그런 걸 알려주려고 하시는 건 아니잖아요?

사회샘 다들 수업하기 싫다더니 역시 조금 진행하니까 호기심이 생기나 보네요. 선생님이 이번 수업을 통해 여러분들에게 주고 싶은 건 두 가지예요. 첫 번째는 **환경 보호론자 내에서도 생각보다 다양한 입장들이 대립하고 있다**는 것을 보여 주는 거고, 두 번째는 결국 우리가 실제 우리의 삶 속에서 **이런 다양한 입장들의 차이를 어떻게 극복하고 환경 보호라는 목표를 함께 달성해 나갈 수 있을까**를 모색하는 겁니다. 공부를 계속하면 느끼겠지만, 환경 보호는 기술적인 문제라기보다는 오히려 정치적인 문제에 가깝거든요.

진단순 정치요? 그럼 또 서로 막 싸우는 거 아니에요?

사회샘 어쩌다가 정치에 대한 이미지가 이렇게 굳어지게 되었는지……. 슬픈 일이네요. 하지만 선생님은 이번 수업을 통해 그런 이미지도 바뀌게 될 거라 믿어요. 오늘 수업에 초대되신 분들은 그래도 모두 환경을 보호해야 한다는 것에는 동의를 하신 분들이지만, 실제 사회에는 환경 보호가 필요 없다는 사람들부터 환경이 최우선의 가치라고 보는 사람들까지 그 입장 차이가 훨씬 더 크지요. 그리고 자칫 잘못하면 자기 입장과 다른 입장은 무조건 잘못된 것이라고 생각하고 적대시하거나 비난하기 쉬워요. 그런 분위기 속에서는 타협이나 화해, 아니 근본적으로 '정치'가 불가능하죠.

모의심 왜 정치가 불가능해요? 서로 적대시하고 더 많은 힘을 가지려고 싸우는 게 정치잖아요.

사회샘 음……. 이야기가 어려워지지만, 아렌트 식으로 이야기하면 정치는 공적인 영역에서 자신의 '다름'을 드러내는 거라고 할 수 있는데……, 만약 '다름'이 적대시되고 비난의 대상이 된다면, '다름'을 드러낼 수 없을 것이고, 따라서 정치도 불가능해진다고 할 수 있겠죠.

그래서 우리 수업 시간에는 단순히 '싸우자, 적당히 타협하자!'가 아니라, 각각의 사람들이 어떻게 해서 그런 입장과 선택을 하게 되었는지를 이해하고 알아갈 수 있는 기회를 가졌으면 해요. 그리고 나서는 환경 보호를 위해 실제로 우리가 실천할 수 있는 것들을 가까운 것에서부터 찾아보는 겁니다. 우선은 자기 자신에서부터요.

장공부 선생님 말씀을 들으니까 뭔가 더 복잡하고 어려울 것 같지만 이게 뭔가 단순히 '환경을 지키자!'는 이야기가 아니라고 하니까 더 기대가 되는 것 같아요.

모의심 그래, 아까 내가 말한 뻔한 결론은 아닌 것 같네.

진단순 그럼 이번에도 결국 다 넘어간 거야? 할 수 없군. 저도 넘어갈게요, 선생님. 어서 시작해요.

사회샘 그럼, 우선 미세먼지의 주범인 화석 연료에 대해서 살펴볼까요?

환경 위기 심각하다? 그렇게 심각한 정도는 아니다?

〈자료 1〉

1990년 IPCC(기후 변화에 관한 정부간 협의체)는 인간에 의한 온난화로 2100년까지 해수면이 30~100cm 상승할 것으로 예상하였다. 2001년의 IPCC의 3차 사정보고서에서는 그 예상 수치를 낮추어 9~88cm라고 하였다. 그래도 엄청난 수준의 해수면 상승이다. 그러나 이 통계치 역시 10배나 되는 불확실한 범위를 가지고 있다. 실제로 제4기 지질연구국제연합(이하 INQUA)은 IPCC가 해수면 문제를 다루는 것에 대하여 혹독히 비판하였다. INQUA은 지난 2백만 년간의 지구환경과 기후 변동을 연구하기 위해 설립되어 70년을 활동한 과학 단체이다. INQUA 위원회는 IPCC가 해수면 변화와 해안 진화에 관한 자료를 수집하고 분석한 과학자들의 주장을 무시하고, 아직 검증되지도 않은 컴퓨터 모델 결과들을 대신 이용한다고 비난했다. 전 해수면 위원회(Sea Level Commission) 회장이었던 스웨덴의 지질학자 닐 악셀 모너는 "해수면이 지난 300년 이상 어떤 조짐도 보이지 않고 인공위성의 원격 탐사에서도 지난 10여 년간 사실상 어떤 변화도 보이지 않았다. 이것으로 지구 온난화 시나리오가 주장하는 것과 같이 미래에 무시무시한 홍수들이 생길 것이라고 두려워할 필요가 없다."고 주장한다. IPCC는 '1990년부터 2100년까지 0.09~0.88m'의 해수면 상승 범위를 제안하였지만, 해수면 위원회의 전문가 수치는 '10cm(±10cm)'이다. 다시 말해, 해수면을 연구하는 과학자들은 21세기에 어떤 해수면 상승도 예견하지 않는다는 것이다.

– 프레드 싱거 · 데니스 에이버리 저, 김민정 역, 『지구 온난화에 속지 마라』, 동아시아 –

〈자료 2〉

킬리만자로, 몬타나 주 빙하 국립 공원, 콜롬비아 빙하, 히말라야, 이탈리아령 알프스, 남미 파타고니아…… 이들의 공통점이 무엇일까? 바로 전세계적으로 자연의 경이로움을 자랑하는 빙하와 만년설을 가진 곳이라는 것이다. 하지만 그것도 옛말이다. 지구 역사 65만 년 동안 가장 높은 온도를 기록했던 2005년, 대부분의 빙하 지대가 녹아내려 심각한 자연 생태계의 파괴를 불러왔다. 모든 것이 지구 온난화 때문이다. 인류의 변화된 소비 행태가 부추긴 CO_2의 증가는 북극의 빙하를 10년을 주기로 9%씩 녹이고 있으며 지금의 속도가 유지된다면 오래지 않아 플로리다, 상하이, 인도, 뉴욕 등 대도시의 40% 이상이 물에 잠기고 네덜란드는 지도에서 사라지게 된다. 빙하가 사라짐으로 인해 빙하를 식수원으로 사용하고 있는 인구의 40%가 심각한 식수난을 겪을 것이며, 빙하가 녹음으로 인해 해수면의 온도가 상승, 2005년 미국을 쑥대밭으로 만든 '카트리나'와 같은 초강력 허리케인이 2배로 증가한다. 이와 같은 끔찍한 미래는 겨우 20여 년 밖에 남지 않았다.

– 앨 고어 저, 김명남 역, 『불편한 진실』, 좋은 생각 –

1. 지구 온난화에 대한 양측 주장을 간단히 요약해 보자.

2. 〈자료 1〉, 〈자료 2〉의 두 주장 중에 어떤 입장에 찬성하는가? 찬성하는 근거를 두 가지 이상 이야기해 보자.

3. 나는 환경 문제에 대해 얼마나 관심을 가지고 있으며, 그 이유는 무엇인지 적어 보자.

02

화석 연료를 많이 사용하면 어떤 문제가 생길까?

2 장

화석 연료가 대체 뭐길래?

사회샘 여러분 안녕하세요? 즐거운 사회시간이 돌아왔어요.

진단순 아아……, 즐거운 사회시간……. 선생님, 요즘 반어법을 공부하고 계신가요? 아님……, 혹시……, 설마 그게 유머는 아니겠죠?

모의심 유머라면 차라리 다행일 텐데, 선생님은 진심으로 믿고 계신 것 같으니 그게 더 문제야.

사회샘 뭐? 그럼 지금까지 수업이 재미있다느니, 새로운 걸 배워서 좋다느니 했던 건 다 거짓말이었던 건가요?

진단순 누가, 언제 그런 말을 했어요? 설마 저 의심 많은 모의심은 아닐 테고, 장공부가 아니면 그런 말을 할 사람이 없을 텐데.

장공부

맞아요, 선생님. 저는 새로운 걸 배우는 게 즐거워요. 지난 시간에 미세먼지에 대해 이야기하셨고, 오늘은 화석 연료 사용이 증가될 경우 발생하는 문제점을 살펴보기로 했어요. 우리가 체감하는 것보다 훨씬 더 많은 문제가 있다고…….

진단순 아, 맞다! 그 문제점들이 너무 너무 많아서 우리가 해결할 수는 없는 일이라……. 그런 건 정부에서 알아서 하는 게 좋을 것 같아요.

사회샘 문제점이 많다고 하는 걸 보니, 단순이가 말로는 싫다고 해도 미리 예습을 해왔나 보네요?

모의심 야, 진단순! 이제 대답하지 마. 너 벌써 말려들었잖아.

장공부 말려들고 말고 할 게 뭐가 있어? 어떻게 해도 수업은 계속될 텐데.

사회샘 공부가 나를 제대로 파악했는데? 자, 우선 화석 연료가 무엇인지부터 차근차근 알아봅시다. 추운 겨울날, 방 안을 따뜻하게 만들기 위해서는 뭐가 필요한가요?

장공부 음……. 요즘은 거의 도시가스를 이용해서 난방을 하지 않나요? 아, 시골에 계신 저희 할머니 집에서는 기름 보일러를 써요.

사회샘 그렇죠. 그럼 옛날에는 어떻게 했을까요?

장공부 할머니께서 옛날에는 연탄을 이용했다고 하시던데요. 밤에 자다가 연탄 갈러 나가는 게 엄청 귀찮았다고. 그때보다 더 옛날에는 아궁이에 숯이나 나무를 때서 난방을 했겠죠? 사극을 보면 그렇게 하더라구요.

사회샘 연탄, 기름, 숯, 나무 등, 공부가 다양한 연료에 대해 이야기를 했는데, 이 중에는 화석 연료도 있고 화석 연료가 아닌 것도 있어요. 어떻게 구분되는지 이야기해 볼 사람?

모의심

아, 말려들면 안 되는데……. 왠지 도시가스, 기름, 연탄은 화석 연료일 것 같고, 숯이랑 나무는 화석 연료가 아닐 것 같은데요?

진단순

응? 연탄이랑 숯이랑 뭐가 달라? 고깃집 가면 연탄 쓰는 곳도 있고 숯 쓰는 곳도 있던데, 둘 다 비슷한 거 아닌가?

장공부

연탄은 석탄의 한 종류일 것 같고, 숯은 나무를 태워서 만드는 것 아닌가? 나무 태우면 숯이 남잖아.

사회샘

공부가 거의 비슷하게 말했어요. 보통 화석 연료라고 하면 석탄, 석유가 익숙하지요? 이것들은 모두 오래 전 지구상에 살았던 식물이나 동물의 잔존물, 일종의 화석으로 만들어집니다. 하지만 숯은 그런 게 아니거든요.

2
장

화석 연료

연탄

기름

도시가스
(출처 : 위키피디아)

화석 연료란 오래전 지구상에 살았던 식물이나 동물의 잔존물, 즉 일종의 화석으로 인해 만들어진 에너지 자원으로, 석탄은 식물성 유기물, 석유는 동물성 유기물이 퇴적된 것이다. 연탄은 석탄 중에서도 주로 우리나라에서 많이 나는 무연탄을 가루로 만들어서 원통형으로 가공한 연료이고, 기름보일러에 사용하는 기름은 석유 중에서도 등유를 의미하며, 도시가스는 석탄, 석유, 천연가스 등을 원료로 만들어진다.

모의심 결국 오늘 선생님께서 하시고 싶은 이야기는 이런 화석 연료를 많이 사용해서 환경 오염이 증가하게 되었다는 거죠? 이거 너무 단순하고 뻔한 얘기 아닌가요?

사회샘 뭐 뻔하다고 하면 뻔할 수도 있겠네요. 하지만 그런 뻔한 이야기를 뻔하지 않게 만드는 게 또 사회시간이잖아요.

진단순 선생님께서는 이 논쟁하는 사회 수업에 상당한 자부심을 갖고 계신가 봐.

사회샘 물론이죠. 여러분들은 그동안 당연하다고 생각해 왔던 것들을 뒤집어 보는 거, 또 다른 측면들을 살펴보는 게 재미있지 않나요? 화석 연료도 마찬가지예요. 우리는 흔히 화석 연료 사용으로 인한 문제를 이야기할 때 눈에 보이는 환경 오염만을 생각하는데, 사실 이 문제는 그것 외에도 눈에 보이지 않는 정치, 경제, 가치관 등의 다양한 문제를 함께 고려해야 하거든요.

장공부 역시……, 뭔가 더 있을 줄 알았어.

사회샘 하지만 우리가 알고 있다고 생각하는 것이 정말 사실인지 확인해 보는 게 우선이겠죠? 환경 오염으로 인해 생태계 피해가 어떻게 발생하는지 한번 살펴볼까요?

화석 연료의 사용은 여러 가지 환경 오염을 일으킨다

미세먼지는 인간, 동물, 식물에게 어떤 영향을 끼칠까?

사회샘 그런데 인간은 화석 연료를 언제부터 사용했을까? 혹시 알고 있는 사람?

장공부 농경 시대에는 사용하지 않았을 것 같고……, 산업 혁명 때부터가 아닐까요, 선생님?

사회샘 맞아요. **산업 혁명** 때 증기기관이 발명되면서 석탄이나 석유 같은 화석 연료를 연소시켜서 공장을 돌리고, 증기기관차나 증기선을 운행했지요. 이런 식으로 화석 연료를 사용하면 자연 환경에 어떤 영향을 주게 될까요?

장공부 1차적으로 공기가 오염되겠죠? 사진에서도 볼 수 있듯이 화석 연료를 태울 때 매연이 발생하잖아요.

18세기 후반 산업 혁명을 대표하는 증기기관차
(출처 : 크리에이티브 커먼즈)

산업 혁명 시기 공장에서 내뿜는 매연

사회샘 맞아요, 화석 연료를 통해 에너지를 사용하면 이산화탄소(CO_2), 질소산화물(NOx), 유황산화물(SOx) 등이 기체와 입자상태의 물질로 대기 중에 방출되어 대기 오염이 발생해요. 이러한 물질들은 자연 상태에서 잘 분해되지 않기 때문에 우리의 생활에 많은 문제들을 발생시키지요. 이렇게 대기 중으로 배출되는 오염물질의 양이 급증한 시기가 바로 산업 혁명기예요.

진단순

그럼 산업 혁명 이전에는 대기 오염이 없었다는 건가요?

모의심

아예 없었을 것 같지는 않아. 예전에 같이 수련회 가서 캠프파이어 한 적 있었잖아? 그때 나무를 태우니까 매캐한 연기가 많이 나더라고. 그걸 보면 옛날에도 대기 오염이 있었을 거 같아.

장공부 산업 혁명 이전에는 대기 오염이 있었다 해도 자연적으로 정화가 되었을 것 같아요. 특정 지역만 조금 오염되었다가 다시 깨끗해지지 않았을까요? 하지만 산업 혁명 이후에는 그 오염의 양이나 영향력이 엄청나게 증가했기 때문에 대기 오염이라는 환경 문제가 지구 전체의 문제가 된 것 같아요. 지금은 중국에서 발생하는 대기 오염이 우리나라에도 영향을 주잖아요?

사회샘

역시 오늘도 공부가 선생님이 할 말을 대신해 주는구나. 산업 혁명 이전에도 대기 오염은 있었어요. 하지만 산업 혁명은 대기 오염 현상을 지역적 차원에서 전 지구적 차원의 문제로 만드는 계기가 되었어요. 그리고 그 이후로 우리는 슬프게도 대기 오염과 더불어 살아가게 되었죠.

장공부 대기 오염도 종류가 다양한가 봐요. 예전에는 황사로 인한 피해가 크다는 기사를 자주 접했는데, 요즘은 미세먼지에 대한 이야기가 자주 나오더라구요.

사회샘 맞아요. 스모그, 황사, 미세먼지 등등…… 대기 오염의 종류는 다양하지만, 모두 다루기는 어려우니까 우선 최근 가장 문제가 되고 있는 미세먼지에 대해서 좀 더 자세히 알아보기로 하지요.

진단순 그러게요. 어제도 미세먼지 농도가 높다고 하던데……, 엄마가 마스크 쓰라고 했는데 귀찮아서 그냥 나와서 돌아다녔거든요. 공기를 마셔 보니 뭔가 답답하고, 기침도 많이 나는 게 정말 안 좋은 것 같더라구요.

이거 때문에 축구도 못 하고 갑갑한데, 엄마는 자꾸 마스크 쓰고 다니라고 하고……. 아, 피곤해.

사회샘 지금부터 선생님이 하는 얘기를 들으면 피곤한 정도가 아니라 아예 무서워질 걸요? 이 작은 오염물질이 우리 몸으로 들어간다고 생각해 보세요. 가장 먼저 피해를 입는 신체기관은 호흡을 담당하는 기관지와 폐가 되겠죠. 아랄해 인접 지역에 미세먼지가 심했던 당시 '국경없는의사회(MSF)'의 조사 결과에 따르면, 이 지역 어린이들의 폐기능은 유럽 어린이에 비해 현저히 낮은 것으로 나타났다고 해요. 천식이 있는 사람들의 경우 호흡 곤란이 생길 수도 있고요.

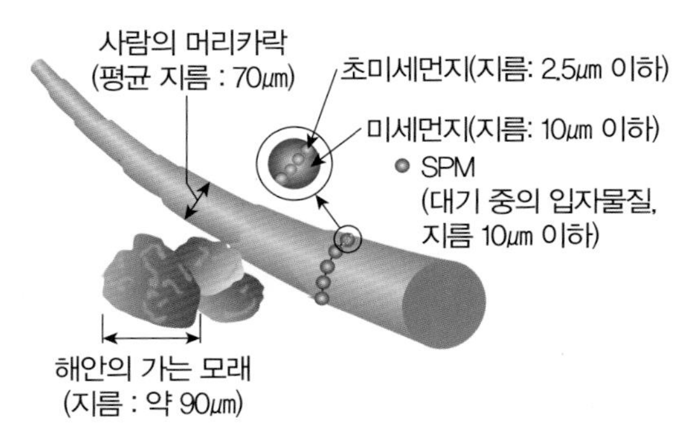

사람의 머리카락과 모래, 미세먼지와 초미세먼지의 비교

모의심

저도 전에 다큐멘터리에서 봤는데, 특히 면역력이 없는 태아나 임산부, 노인들에게 위험한 것 같아요. 임신했을 때 미세먼지를 많이 마시면, 저체중아나 기형아를 낳을 가능성이 높아진대요. 또 미세먼지 농도가 짙어지면 노인들의 사망률도 증가하고요.

장공부

제 동생은 아토피가 있는데, 아무래도 미세먼지 때문에 요즘 더 심해진 것 같아요. 아토피질환자들에게는 깨끗한 공기가 정말 필요한데, 요즘은 그게 정말 어려운 일인 것 같아요. 게다가 초미세먼지는 모공보다 작아서 그 안으로 침투한다고 들었어요.

사회샘 선생님도 요즘에 결막염이 생겨서 렌즈 대신 안경을 쓰려고 하는데, 미세먼지 때문이 아닐까 의심하고 있어요. 그러고 보니 우리 모두 직간접적으로 미세먼지로 인해 고통을 겪고 있었던 거네요.

진단순 선생님, 미세먼지가 이렇게 인간에게 안 좋으면, 동물에게도 안 좋지 않을까요? 요즘 저희 집 고양이가 잘 돌아다니지도 않고 잠만 자고……. 아무튼 상태가 안 좋은 것 같은데 혹시 미세먼지 때문은 아닐까요?

모의심 그건 주인 닮아서 너무 마음 편하게 살아서 그런 거 아니야?

진단순 야! 아니거든? 나도 나름 인생의 고민이 많은 사람이라고, 우리 나비만 해도 얼마나 섬세한데…….

사회샘 자자, 그만 싸우고 단순이네 고양이가 미세먼지 때문에 컨디션이 안 좋은지는 알 수 없지만, 어쨌거나 미세먼지가 동물에게도 좋지 않은 것만은 분명하다고 할 수 있어요. 동물실험 결과 미세먼지에 장기간 노출된 쥐의 경우, 폐질환을 거쳐 사망에 이르렀다고 하니까요.

장공부 쥐는 몸집이 작으니까 더 견디기 힘들었을지도 몰라요. 인간과 동물 모두에게 안 좋으니, 당연히 식물한테도 좋을 리가 없겠죠?

사회샘 그렇죠. 인간을 비롯한 동물들은 산소를 들이마시고 이산화탄소를 내보내는 호흡을 하지만, 식물은 반대의 작용을 하잖아요. 식물은 태양 에너지를 이용해서 이산화탄소와 물을 포도당과 산소로 바꾸는 과정을 반복하는데……. 이 과정을 뭐라고 하죠? 과학시간에 배웠을 텐데요.

진단순 금시초문인데요.

장공부 아이고, 지난 주에 배운 광합성이잖아.

사회샘 맞아요, 광합성. 미세먼지가 하늘을 뒤덮으면 햇빛이 차단되어 식물들이 광합성을 하지 못하게 되지요. 그러면 점차 시들게 되겠죠? 또한 미세먼지가 식물의 이파리를 덮으면 식물의 기공을 막아 호흡을 방해하기도 해요.

모의심

인간도, 동물도, 식물도 모두 미세먼지 때문에 숨을 쉴 수가 없는 거네요. 이런 미세 먼지 문제를 해결할 방법은 없나요?

사회샘

혹시 '인공강우'라고 들어 본 학생이 있나요? 중국에서 많이 쓰는 방법인데, 항공기나 미사일을 이용해 공중에 요오드화은 같은 구름씨를 뿌려서 인위적으로 비를 내리게 하는 기술이에요.

구름씨를 뿌리면 그 표면에 수증기가 결합하여 구름 입자가 생성되고, 크고 작은 구름 입자들이 서로 충돌하며 합쳐져서 큰 구름 입자가 형성되는 거죠. 그러면 무거워진 구름 입자가 비가 되어 땅에 내리게 돼요.

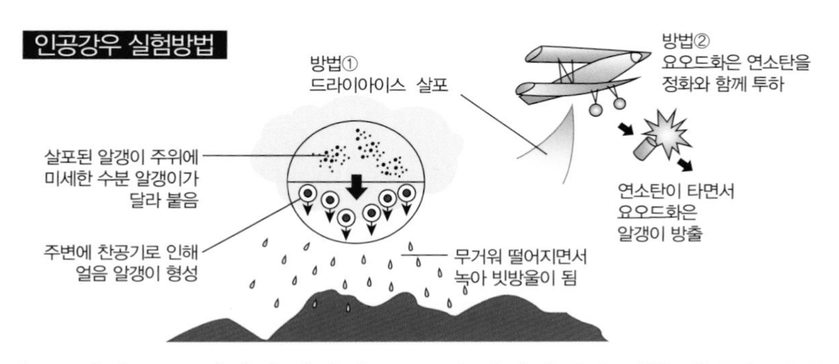
인공강우 실험방법
방법①
드라이아이스 살포
방법②
요오드화은 연소탄을
정화와 함께 투하
살포된 알갱이 주위에
미세한 수분 알갱이가
달라 붙음
주변에 찬공기로 인해
얼음 알갱이 형성
무거워 떨어지면서
녹아 빗방울이 됨
연소탄이 타면서
요오드화은
알갱이 방출

진단순 아니, 그렇게 좋은 방법이 있었어요? 그럼 미세먼지가 심할 때마다 구름씨를 뿌려서 비가 오게 하면 되는 거잖아요. 그런 간단한 방법이 있는데 왜 다들 미세먼지 문제로 골치 아파하는 거예요?

모의심 그렇게 인위적으로 비를 뿌리면 다른 문제가 생기지 않나요? 많이 사용되지 않는 데는 다 이유가 있을 것 같아요.

사회샘 그렇죠. 인공강우를 위해 공기 중에 뿌리는 응결제가 환경에 미치는 영향에 대해서 아직 연구가 불충분하기도 하고, 인공강우로 인해 특정 지역에 폭우가 내리거나 가뭄이 심해지는 등 또 다른 기후 변화를 유발한다고도 해요. 그게 또 기후 변화에 민감하게 반응하는 동식물들에 영향을 줘서 또 다시 생태계 변화로 이어지니까 뭔가 악순환이 계속되는 느낌이 드네요, 그렇지 않나요?

인공강우는 주변의 수증기를 한곳에 응집시키기 때문에 강수의 불균형을 일으켜 폭우나 가뭄이 발생할 수도 있고, 생태계를 교란하고 환경을 파괴할 수 있다는 문제점이 제기되고 있다.(좌측 사진 출처 : Iain Farquhar)

산성비는 인간과 자연에게 어떤 피해를 끼칠까?

장공부 미세먼지는 환경 오염이 인간에게 얼마나 총체적으로 피해를 주는지 다 보여 주는 종합병원 세트 같아요. 그런데 선생님, 저는 화석 연료로 인한 문제가 이게 전부는 아닐 것 같아요, 또 다른 문제는 없나요?

사회샘 음……. 함께 생각해 봅시다. 실제로 우리가 모두 경험하고 있는 것일 테니까요. 대기 중에 오염물질이 섞여 있는데, 비나 눈이 내리면 어떻게 될까요?

진단순 산성비, 산성눈이요! 그거 맞으면 머리카락이 빠진다고 하던데…….

사회샘 단순이가 이번 수업에는 아주 적극적인데? 그럼 산성비가 뭔지 단순이가 한번 설명해 볼까요? 과학시간에 산성, 알칼리성 배웠죠? 그걸 떠올리면서 이야기하면 돼요.

진단순 산성, 알칼리성이요? 선생님, 전 산성비랑 산성눈 맞으면 머리카락이 빠진다는 것 말고는 들은 적이 없어요.

장공부 우리 과학시간에 배웠잖아. **산성, 알칼리성은 pH로 재는데, pH가 7이면**

중성이고 그 이상이면 알칼리성, 그 이하이면 산성이라고 한다고, 과학 선생님이 엄청 강조하셨던 건데.

모의심 들은 적은 있지만, 그걸 그렇게 다 외우고 다닐 줄이야.

사회샘 원래 증류수의 pH는 7 정도예요. 그런데 대기 중의 이산화탄소가 빗방울에 녹아 약간 산성으로 변해서 보통 빗물은 pH가 5.7 정도 되는 거죠. 그런데 여기에 대기 오염물질이 더 들어가면 pH가 더 낮아지게 돼요. 그 결과 빗물이 산성화되는 거죠.

진단순 그렇게 말씀하시니까 뭔가 무섭잖아요.. 과학 선생님께서 산성 종류의 약품들 잘못 만지면 피부 녹아 내린다고 조심하라고 하셨는데…….

사회샘

우리가 실험실에서 보는 염산처럼 pH가 많이 낮지는 않으니까 산성비 조금 맞았다고 해서 바로 죽고 그러는 건 아니에요. 하지만 장기간 많은 양의 산성비가 내릴 경우 분명 문제가 있어요. 산성비가 내리면 어떤 문제가 생길까요?

진단순 머리카락에 안 좋은 거 말고 또 다른 문제가 있나요?

사회샘 예를 들어 런던 스모그 사건 때 사망자가 많이 발생한 것도 산성비 때문이라고 해요. 산성비가 직접적으로는 눈의 점막을 상하게 하고, 간접적으로는 대기 중에 있는 황산이나 질산의 입자를 흡입하도록 만들어서 기관지 계통의 질병을 일으키게 되었다고 들었어요.

장공부 그렇게 인체에 피해를 주는 것 외에도, 산성비가 건축물을 부식시켜서 귀중한 문화유산들이 망가졌다는 기사를 읽은 적이 있어요.

사회샘 맞아요. 금속이나 대리석으로 만들어진 동상, 기념탑 등의 유적과 각종 건축물이 부식되고 있죠. 특히 시멘트 구조물은 산성비에 쉽게 용해되기 때문에 피해가 더 커요. 유럽의 경우 아테네에 있는 파르테논 신전과 아크로폴리스 같은 유적이 부식되고 있고, 독일의 쾰른 성당 역시 부식이 진행 중이라고 해요. 다음의 사진을 한 번 보세요. 이게 무슨 조각인지 알아 볼 수 있겠어요?

산성비로 인해 석회암과 대리석으로 된 동상들은 매우 심각한 손상을 입는다.(출처 : 크리에이티브 커먼즈)

진단순 심하다. 얼굴의 형태를 알아볼 수 없을 정도로 완전히 망가져 버렸네요.

모의심 이건 제가 예전에 봤던 사진인데, 산성비 때문에 완전히 말라죽은 나무들이에요. 산성비를 많이 맞으면 나뭇잎에 하얀색 반점이 생기기도 한대요.

산성비로 오염된 체코 지제라 산(Jizera Mountains) 숲의 모습이다. 산성비는 식물의 잎이 하얗게 되고 구멍이 생기며 엽록소가 파괴되어 조기 탈락하는 현상을 발생하게 한다.

사회샘 그렇게 직접적으로 식물에 피해를 주기도 하지만, 산성비로 인해 토양이 산성화되면 식물이 잘 자라지 못하기도 해요. 게다가 토양의 pH가 낮아지면 지렁이나 땅강아지 같은 토양생물이 살 수가 없어서 자연적인 토양 개량의 효과도 줄어들죠. 음……, 그것 외에 또 뭐가 더 있을까요?

진단순 산성비가 호수나 강에 내리면 물고기들이 죽을 수도 있을 것 같아요.

사회샘 맞아요, 실제로 산성비로 인해 물고기가 기형이 되기도 하고, 아예 멸종되기도 해요. 토양이나 암석에 있는 알루미늄이 물에 녹아 내려가면서 물고기 속에 알루미늄이 쌓이기도 하고. 그걸 인간이 먹으면 어떻게 될까요?

진단순

으……, 생각만 해도 끔찍해요. 물고기도 불쌍하고, 그걸 먹는다는 생각만 해도 너무 무서워요. 죽으면 어떻게 해요!

사회샘 그렇죠. 산성비로 인해 일차적으로 토양이나 강, 호수 등이 오염되어서 그곳에 살고 있는 동식물이 오염되거나 멸종되면 그들을 먹이로 삼는 포식동물들도 오염되거나 멸종될 수 있거든요. 그리고 이러한 동식물 멸종이 발생하면 그들이 살고 있었던 생태계의 질서가 교란되고 여러 변화가 나타날 가능성이 커지게 되는 거죠.

지구 온난화는 인간과 자연에게 어떤 영향을 끼칠까?

사회샘 자, 산성비에 대해서는 이 정도로 해 두고, 이제 지구 온난화에 대해서 이야기를 해 볼까요? 우선 여러분이 지구 온난화에 대해 얼마나 아는지 알고 싶은데…….

장공부 제가 알기로, **지구 온난화는 지구가 지나치게 더워지는 현상**을 일컫는 말이에요. 화석 연료 사용이 증가하면서 대기 중으로 온실가스가 배출되는데, 이 온실가스가 지구의 열이 밖으로 나가는 것을 막아서 지구가 더워지는 거죠. 지구 온난화 때문에 최근 우리나라의 기후는 온대가 아니라 아열대가 되어가고 있는 것 같아요. 여름에 진짜 덥고, 요즘 비 오는 거 보면 꼭 동남아시아에서나 보던 국지성 호우, 스콜이 내리는 것 같거든요.

사회샘 온난화 문제가 심각하다 보니 온실가스가 나쁘다고만 인식되고 있는 것 같은데, 사실 온실가스로 인한 자연적인 온실효과는 어느 정도는 필요한 거예요. 이것 덕분에 전 지구 표면의 평균온도가 약 15℃ 정도로 유지될 수 있거든요. 만약 온실가스가 전혀 없다면 지구 표면에서 반사된 열들이 모두 우주로 방출되어 지구의 평균기온이 −18℃까지 내려가게 된다고 하니까, 온실가스가 없어도 문제가 되겠죠?

장공부 하지만 오늘날의 문제는 이 온실가스들이 지나치게 증가하고 있다는 거잖아요.

사회샘

맞아요! 우리가 문제로 삼는 지구 온난화는 자연적인 온난화의 정도를 넘어선 것을 말하는 거예요. 즉, 산업 혁명 이후 인간의 활동에 의하여 대기 중으로 배출되는 온실가스들이 적절한 양 이상으로 존재하여 발생하는 지나친 온실효과를 말하는 거지요.

그리고 온실가스의 종류에 대해서도 알 필요가 있는데, 널리 알려진 온실 가스들은 이산화탄소(CO_2), 메탄(CH_4), 일산화질소(N_2O), 프레온가스(HFCs, PFCs, SF_6) 등이에요. 이 중에 온실효과를 일으키는 강도는 프레온가스(SF_6)가 가장 큰데, 이산화탄소의 무려 22,200배라고 해요. 하지만 이산화탄소의 양이 워낙 많기 때문에 전체적으로 보면 이산화탄소가 온실효과에 기여하는 부분이 55%를 넘어요. 알다시피 이산화탄소는 석탄이나 석유 같은 화

대기 오염을 발생시키는 자동차 매연(좌)과 화석 연료(우 출처 : PEXELS)

석 연료의 연소 과정에서 발생하고 있기 때문에, 화석 연료가 또 문제가 되는 거죠.

진단순 
그런데 지구가 더워지면 뭐가 안 좋아요?
그냥 좀 더운 채로 살면 되는 거 아닌가요?

모의심 그렇게 간단한 문제가 아닌 것 같은데……, 우선 지금 지구의 기온이 상승해서 극지방의 빙하가 녹고 있다고 하잖아? 그리고 빙하가 녹으면 해수면의 높이가 올라가게 될 거야. 그러면 미크로네시아나 투발루 같은 태평양의 조그만 섬들은 아마 지구상에서 사라지게 될 거라고. 생각해 봐, 지구가 점점 뜨거워져서 어느 날 갑자기 내가 살고 있는 땅이 사라지게 된다면 끔찍하지 않아?

사회샘 게다가 지구 온난화로 인해 해양 수온이 상승하면서 태풍, 허리케인, 사이클론 등 열대성 저기압이 자주 발생하고, 그 강도도 세질 거라는 전망도 나오고 있어요.

진단순 선생님 말씀을 듣다 보니 예전에 〈투모로우〉라는 영화를 봤던 게 생각나요. 거기서는 지구 온난화로 인해 빙하기가 온다는 설정이었던 것 같은데, 이게 어떻게 가능하죠? 더워지는데 빙하기가 온다는 건 말이 안 되지 않나요?

사회샘 지구 온난화로 인한 새로운 빙하기 가능성에 대해서는 논란이 많은데, 왜 이런 이야기가 나오는 것인지 간단히 설명하는 것이 좋겠네요. 멕시코 만으로부터 미국 해안을 따라 유럽 쪽으로 들어가는 '멕시코 만류'라는 난류가 있어요. 노르웨이의 경우 우리나라보다 위도가 훨씬 높지만 이 멕시코 만류의 영향으로 기온은 우리나라와 비슷하거나 오히려 따뜻하기도 해요. 그런데 이 난류가 약 8,200년 전에 멈추었던 적이 있어요. 북아메리카 빙하기의 마지막 빙상이 녹아 오대호 일대에 거대한 민물 웅덩이가 생겨나면서, 멕시코 만류가 줄어든 거죠. 그 결과 유럽은 거의 1,000년 동안 소빙하기를 겪었다고 해요. 그런데 오늘날에는 지구 온난화로 인해 그린란드가 녹은 물이 이런 현상을 일으킬 수 있을 거라 우려하는 거예요.

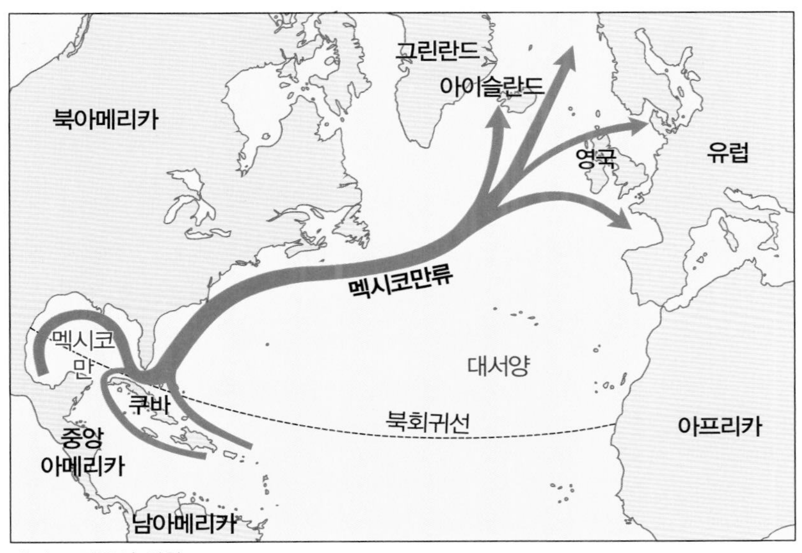

멕시코 만류의 영향

진단순 그렇구나. 한 나라만의 문제가 아니라 여러 가지가 뒤섞여 있으니 너무 복잡한 것 같아요.

사회샘 온난화는 특정한 개인이나 동물에게만 영향을 주는 것이 아니라 지구 생태계의 질서 자체를 변화시켜서 모두에게 피해를 준다는 것이 무서운 점이죠.

모의심

근데, 제가 조금 전에 얘기했던 것처럼 지구 온난화로 인해 빙하가 녹고, 해수면이 높아져서 작은 섬들은 사라진다면, 그곳에 살고 있는 사람들은 어떻게 되는 건가요? 그리고 꼭 그런 섬들이 아니어도, 사실 어느 나라나 해안지역에 많은 사람들이 밀집해서 살고 있는데…….

이 지역들이 침수되면 분명 많은 사람들이 피해를 입게 될 것 같아요. 해수면이 올라가면서 더욱 많은 사람들이 홍수 피해를 겪을 거란 말이지요.

게다가 전보다 태풍이나 해일 발생도 더 잦아질 거고, 피해도 훨씬 더 커지겠죠?

진단순

그……, 뭐라더라. 나 어제 뉴스에서 봤는데……. 아! 맞다! 그런 사람들을 기후 난민이라고 하던데…….

장공부 맞아. 나도 어제 뉴스 봤는데, 생각보다 심각하더라구. 참! 한 가지 더 생각나는 게 있는데요. 지구 온난화가 심해지면 사실상 지구상에 열대 지역이 늘어나는 것 아닌가요? 그런데 열대 기후 지역에는 풍토병이 많잖아요. 저희 삼촌도 아프리카에 갔다가 말라리아에 걸려서 엄청 고생했거든요. 그런 질병이 확대될 위험도 증가하는 게 아닐까요?

사회샘 공부가 말한 것처럼 지구 온난화로 인해 열대성 질병이 많은 나라들에 퍼질 것이라는 전망도 있어요. 현재 열대 지방에 사는 사람들이 겪는 기아 문제가 확산될 것이라 예상하기도 하구요. 실제로 이러한 상황이 닥친다면, 지구 온난화로 인한 환경난민의 수도 엄청나게 증가하겠죠.

모의심 지구 온난화로 인해 피해를 보는 것은 인간만이 아닌 것 같아요. 지구 온난화 하면 가장 먼저 떠오르는 이미지가 살 곳을 잃어버린 북극곰이잖아요.

장공부

맞아요. 그리고 제가 최근에 뉴스를 봤는데, 요새는 강원도에서 열대 과일인 멜론이 나온대요. 제주도 특산품인 귤도 이제는 충청도에서도 키울 수 있고, 파인애플이나 파파야 같은 경우 경상도에서도 재배 가능하대요. 열대과일을 더 쉽게 먹을 수 있는 것은 좋은 점이지만, 반대로 원래 재배되던 작물들은 사라지는 게 아닌가요? 그리고 그 농작물을 재배하던 농가도 타격을 입을 테고요.

사회샘 그래요, 실제로 기온 상승으로 인해 농작물의 재배 지역이 많이 달라지고 있는 건 사실이에요. 앞으로 지구 온도가 향후 46년 동안 지속적으로 증가할 경우 평균 18~35%의 동식물이 멸종할 거라는 무시무시한 예측도 있고요. 하지만 이러한 지구 온난화의 영향에 대해서는 여전히 논쟁 중이라서 뭐라고 단정하기가 어려운 면이 있어요. 어떤 사람은 그 피해가 그리 크지 않다고 주장하기도 하고, 또 다른 사람은 피해가 매우 크다고 경고하고……, 이 각각의 입장에 대해서는 차차 더 생각해 보기로 해요.

자, 지금까지 우리는 화석 연료 사용으로 인한 직접적인 생태계 파괴 문제에 대해서 다양하게 논의해 봤는데, 문제라는 것은 모두가 알고 있지만 해결책을 찾기가 쉽지 않지요? 그것은 화석 연료 사용이 정치, 사회 구조, 가치관 등 다른 영역과 복잡하게 얽혀 있기 때문이에요.

화석 연료 사용은 심각한 사회 문제들과 연결되어 있다

정치적으로 중앙 집권적 문화를 강화하는 경향이 있다

모의심 선생님, 환경 문제면 환경 문제로 끝내야지, 이걸 정치나 경제, 가치관의 문제까지 끌고 오는 건 문제를 너무 확대하는 거 아닌가요?

사회샘 그렇지 않죠. 우리의 삶이란 게 서로 다 연결되어 있으니까요. 이제부터 선생님 얘기를 들어 보면 좀 더 이해가 될 거예요. 여러분은 우리가 사용하는 화석 연료 중에서도 가장 중요한 연료가 뭐라고 생각하나요?

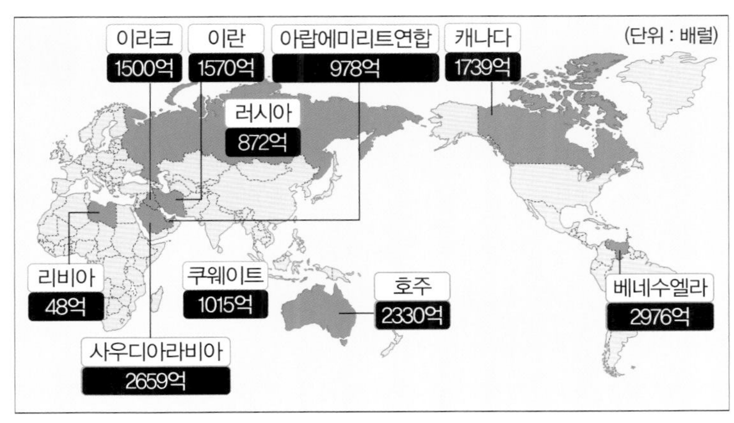

세계 석유 매장량이 많은 국가(2013년 기준)

장공부 당연히 석유가 아닐까요? 가장 많이 사용되고, 또 각 국가들이 서로 가지려고 쟁탈전을 벌이는 자원이잖아요.

사회샘 맞아요. 그 석유가 주로 어디에서 생산되는지 알고 있나요?

모의심 대체로 중동 지역 아닌가요? 미국에도 많다고 들었던 것 같기는 한데……. 어쨌든 우리나라에는 없어서 전부 수입하고 있다고 알고 있어요. 그러고 보면 천연 자원이 부족한 우리나라는 정말 여러 모로 힘들어요.

장공부 그러고 보니 화석 연료는 특정한 장소에서만 생산되는 것 같아요. 여러 나라에 골고루 분포되어 있으면 참 좋을 텐데……. 우리나라에도 많이 있었으면 국력도 강해지고 여러 모로 좋을 텐데 말이에요.

사회샘

그래서 화석 연료를 '엘리트 에너지'라고 부르기도 해요. 그런데 화석 연료 자체뿐만 아니라, 화석 연료를 생산하는 기업들도 비슷한 특징을 갖고 있어요.

지금 우리는 석유 수출 국가 하면 사우디아라비아나 이란 같은 중동의 나라들을 떠올리지만, 석유 산업이 출발할 당시에는 미국이 세계 최대의 석유 수출 국가였거든요. 이 당시에 가장 영향력 있었던 사람 중의 한 명이 '석유왕'이라는 별명을 가진 록펠러였어요.

록펠러

진단순 오, 이름은 많이 들어 본 것 같아요. 이 사람 엄청 부자 아니에요?

사회샘 엄청난 부자였죠, 한창 잘 나갈 때는 전체 석유 산업의 90%를 장악했을 정도니까요. 그의 석유 회사인 스탠다드 오일은 현재의 엑슨 모빌, 스탠다드 캘리포니아 등의 전신이 되는 매우 큰 회사였거든요. 이 외에도 텍사코, 걸프, 브리티시 페트롤리엄, 로얄 더치 쉘 등 세계 전체를 좌지우지하는 커다란 석유회사들을 '국제 석유 메이저'라고 부르는데, 이들은 거대자본을 가지고 석유 채굴에서 판매까지 모든 과정을 완전히 장악하고 있어요. 지금도 이 회사들이 석유 산업을 좌지우지하지만, 예전에는 더 심했죠. 그래서 1973년 이전에는 이 회사들이 석유 가격을 정했고, 나머지 회사들은 이에 따를 수밖에 없었던 거예요.

국제 석유 자본(International Oil Majors)

석유의 탐사, 채굴, 회수 등에서부터 파이프라인이나 탱커에 의한 수송, 정제(精製), 판매, 석유화학 등에 이르기까지 막대한 힘을 갖고 있는 단체이다. 엑슨, 모빌, 걸프, 소칼, 텍사코의 미국계 5개 사와 네덜란드 · 영국계의 로얄 더치 쉘, 영국의 브리티시 페트롤리엄의 7사를 메이저라고 하며 세븐 시스터즈라고도 한다. 이 밖에 프랑스 석유를 포함해서 8대 메이저라고 할 때도 있다. 예전엔 공산권을 제외한 세계 석유생산의 태반과 원유가격 결정권을 이 8대 사가 쥐고 있었으나 OPEC의 세력 신장, 산유국의 국유화 정책 추진 등에 의해 이들이 차지하는 비율이 50% 이하로 저하, 원유가격 결정권도 상실하고 말았다. 그러나 정유 · 판매 부문에는 아직도 매우 강력한 지배력을 갖고 있으며 탐사나 채굴 기술 수준도 여전히 타의 추종을 불허한다. 석유에 대체되는 에너지 부문에도 메이저는 거대한 자금력을 배경으로 투자, 연구 개발을 하고 있다. (출처 : 매일경제용어사전)

진단순 와, 90%라니. 독점의 끝판왕이네요.

사회샘

그렇지, 오늘날에도 세계 4대 기업 중 세 개가 석유회사라고 할 정도니까 석유 산업이 얼마나 집중되어 있는지 알 수 있겠죠?

로얄 더치 쉘, 엑슨 모빌, 브리티시 페트롤리엄, 이 거대 에너지 회사 아래에는 모든 사업 분야를 대표하는 약 500개의 세계적 기업들이 포진하고 있으니까요. 게다가 이 세 회사의 수입을 모두 합치면 22조 5,000억 달러라고 하는데, 이게 얼마나 큰 금액인지 잘 감이 오지 않죠? 전 세계 GDP의 합계가 62조 달러라고 하면, 실감이 될까? 3개의 석유회사가 전 세계 GDP의 약 1/3에 해당하는 금액을 소득으로 챙기는 셈인 거예요.

진단순 정말 어마어마한 규모네요.

사회샘 화석 연료를 취급하는 회사는 이렇게 특정한 지역, 특정한 회사에 힘과 부가 집중되는 중앙 집권적 구조를 가지게 되는데, 이건 꼭 오늘날에만 그런 건 아니에요. 아까도 이야기했지만, 1868년에 록펠러가 설립한 스탠더드 오일이라는 회사는 11년 후 미국 정유업계의 90%를 지배하게 되었어요. 이렇게 독점의 문제가 심각해지자 1911년 미 연방 대법원은 록펠러 지주회사의 해체와 분할을 명령했어요. 그러자 또 다른 석유회사가 나타났죠. 그리고 이 회사들도 석유 공급망의 모든 측면을 통합하여 단일 사업으로 만들고 유전과 송유관, 정유공장은 물론 제품의 수송과 마케팅, 동네 주유소까지 모두 장악해 버렸답니다.

장공부

선생님. 저는 그런 현상이 어쩌면 당연한 것 같아요. 석유를 안정적으로 확보하고 채굴해서 정유하고 소비자에게 전달하는 건 결코 쉽지 않은 일이고, 돈이 많이 들어가는 일이잖아요. 거대 기업이 아니라면 누가 그 일을 할 수 있겠어요?

사회샘 그런 면이 있죠. 화석 연료를 채굴해서 판매하는 것은 대량의 자본이 하나의 석유회사에 집중되어야 가능한 일이니까요. 게다가 그 회사 내의 조직도 중앙 집권적 하향식 지휘 통제 체계를 갖는 경향이 대부분이거든요. 이렇게 거대한 사업을 하는 데 적합한 구조가 피라미드 형태의 관료제니까요.

모의심 그렇지만 따지고 보면 석유회사뿐만 아니라 오늘날 대부분의 기업들이 그렇게 중앙 집권적인 조직 구조를 가지고 있지 않나요? 우리나라 재벌들만 봐도 그렇잖아요?

사회샘 물론 다른 회사들의 중앙 집권적인 조직이 꼭 석유회사의 조직에서 비롯된 거라고 말할 수는 없겠지요. 하지만 산업 혁명 이후의 산업 및 기업 구조가 기본적으로 화석 연료에 기초해 성립되었다는 점에 주목할 필요가 있습니다. 그 결과 다른 기업들도 중앙 집권적인 에너지 인프라에 종속될 수밖에 없었고 이러한 인프라는 산업 전반에 걸쳐 위계 서열화된 조직 구조가 확산되는 데 영향을 끼쳤죠. 대표적인 것이 자동차회사라고 할 수 있어요. 우리나라도 몇 개 안 되는 자동차회사가 업계를 장악하고 있으니까요.

진단순 

뭐 그럴 수는 있는데, 그렇게 중앙 집권적인 기업 구조가 왜 문제가 되나요?

2
장

사회샘 잘 생각해 봐요. 이런 **중앙 집권적 구조는 언제나 불평등과 연결**되어 있어요. 『3차 산업 혁명』을 쓴 리프킨이 이런 주장을 하는데, 그 근거는 다음과 같아요. 석유 시대의 최대 수혜자는 대부분 에너지나 금융 분야 종사자, 그와 관련된 분야에 자리 잡은 사람들이었어요. 1980년 미국 대기업의 CEO는 노동자 평균 임금의 42배를 벌었고, 2001년에는 531배를 벌었다고 하니 엄청나게 격차가 벌어진 셈이에요. 게다가 이런 소득 격차는 날이 갈수록 늘어나고 있어서 더 문제가 되고 있죠. 더 놀라운 것은 1980년부터 2005년 사이 미국의 소득 증가분의 80%가 최상위 1% 부유층의 주머니로 들어갔다는 사실이에요. 우리는 이런 불평등이 당연한 문화 속에서 살고 있는 셈이죠.

모의심 

화석 연료를 사용하는 사회 속에 뿌리 깊은 불평등이 자리 잡고 있다는 말씀이군요. 선생님, 저는 이런 이야기를 들으면 슬프고 화가 나요. 일을 더 많이 하고 더 능력 있는 사람이 조금 더 많은 부를 획득하는 건 이해할 수 있지만, 저 정도의 격차는 도저히 이해가 안 되네요. 저는 불평등이 당연한 문화 속에서 살아가는 게 화나고, 또 제가 하위 계층에 속할까 봐 두려워요.

장공부 

그런 두려움은 사실 지금도 우리 모두에게 있지 않나요? 중앙 집권적인 사회 구조 속에서 어떻게든 위로 올라가 권력을 차지하고 더 많이 돈을 벌기 위해 공부하는 것은 아닌지 모르겠어요.

사회샘 

지금 우리 사회도 중앙 집권적이고 불평등한 구조에 의해 유지되고 있으니 우리도 예외가 될 수는 없겠죠. 하지만 이러한 구조의 더 큰 문제점은 이것이 대부분의 사람들을 무기력하게 만든다는 데 있어요.

중앙 집권적 구조 속에서는 소수의 사람들만 의사 결정을 하고, 그 밑에 있는 대다수의 사람들은 그 의사 결정을 따르기만 하면 되거든요. 어쩌면 탄탄하게 짜인 구조 속에서 내가 이 일을 하도록 누가 결정을 내렸는지, 이 일을 왜 해야 하는지도 모른 채, 기계 속의 톱니바퀴처럼 주어진 명령대로 일하기만 하면 되니까 고민도 없고 편할 수도 있을 거예요. 하지만 이런 구조 속에서 인간은 기계의 부품으로 전락하고 무기력해질 수밖에 없어요.

장공부

아! 회사원인 저희 아버지도 비슷한 말씀을 하신 적이 있어요. 점점 더 일의 보람을 못 찾고 월급날만 기다리신다면서요.

사회샘

많은 회사원들이 이러한 무기력함을 경험하고 있을 거예요. 인간은 기계가 아니니까요. 누구나 자기 생각이 있고, 그것을 다른 사람들과 함께 논의해서 방향을 정하고, 이야기한 것을 실천해 보기도 하고……. 그런 것이 주체적으로 살아 있는 인간의 삶인데, 중앙 집권적 문화에서는 대다수의 사람들이 그렇게 스스로 생각하고 의사 결정하는 기회가 박탈당하는 문제가 생기죠.

모의심

하지만 오늘날에는 소수의 사람들에게 집중된 권한을 분산시켜서 여러 사람들에게 의사 결정에 참여할 기회를 주려는 분권화의 움직임도 있잖아요.

사회샘 그렇죠, 아마도 그러한 무기력함을 경험하고 분노하고, 변화를 요구하면서 그런 움직임이 생겨나게 된 걸 거예요.

장공부 화석 연료는 그 특성상 중앙 집권적 문화, 불평등의 문제와 맞물려 있다는 것이 이번 수업의 핵심인 거네요. 하지만 그 권력이 오래갈까요? 많은 사람들이 화석 연료는 이미 끝났다고 하던데요.

화석 연료에 대한 의존은 독과점이나 스태그플레이션과 같은 경제 문제를 초래할 수 있다

진단순 화석 연료 시대가 왜 끝나? 과학시간에 지구는 45억 년 전에 탄생했다고 했는데……, 그 오랜 시간 동안 식물이나 동물의 시체가 묻혔으니까 화석 연료의 양은 아직도 엄청나게 많이 남아 있는 거 아니야?

장공부 물론 화석 연료의 절대적 양이 많긴 하지만, 사람들이 그걸 소비하는 속도를 못 따라가고 있으니까 문제지. 매장량이 벌써 바닥을 드러내고 있으니까. 마음대로 쓸 수 있는 게 아니라고. 우리 부모님 세대가 어렸을 때부터 석유 고갈이 문제가 될 거라고 배우셨다는데 뭐. 특히 석유의 경우 '석유정점(Peak Oil)'에 곧 도달할 것이고, 그 이후로는 사용가능한 석유량이 줄어들 거란 예상이 지배적이야. 이렇게 고갈되는 추세인 것은 석탄이나 천연가스도 마찬가지이고.

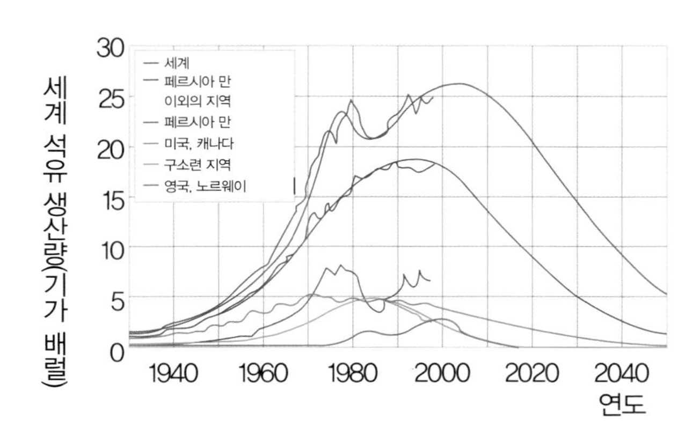

연도별 세계 석유 생산량 예측(출처 : 에너지 관리 공단)

진단순 음……, 과연 그럴까? 화석 연료가 고갈된다는 얘기는 초등학교 때부터 들었지만 지금까지 별 문제가 없잖아? 그리고 기름값이 떨어지는 때도 있고, 화석 연료가 고갈되고 있다면 가격이 떨어지면 안 되는 거잖아.

모의심 예전에 유가가 좀 떨어졌던 때가 있었지. 그 이유는 새로 등장한 셰일 가스 업계의 경쟁력을 떨어뜨리기 위해 OPEC이 석유 생산량을 줄이지 않기 때문이라고 들었던 것 같아. 하지만 지금은 다시 유가가 오르고 있어.

석유수출국기구(Organization of the Petroleum Exporting Countries : OPEC)

가입국 간의 석유 수출 정책을 조정하기 위해 1960년 9월에 결성된 범국가 단체이다. 가입국은 2016년 7월 기준으로 이라크, 이란, 쿠웨이트, 사우디아라비아, 베네수엘라, 카타르, 인도네시아, 리비아, 아랍에미리트, 알제리, 나이지리아, 에콰도르, 가봉, 앙골라로 총 14개국이다.

장공부 하지만 셰일가스는 과거에는 채굴이 불가능했지만 과학기술이 발달로 채굴이 가능해진 화석 연료잖아? 단순이 말처럼, 오랜 시간 퇴적되어 형성된 화석 연료가 많이 있는데, 우리가 아직 발견을 못한 것일지도 몰라.

앞으로 기술은 더욱 발전할 것이고, 이렇게 새로운 화석 연료를 개척해나가면, 충분히 지금 수준의 삶을 유지하면서 살아갈 수 있지 않을까?

셰일가스(Shale gas)

진흙이 수평으로 퇴적하여 굳어진 암석층(혈암, shale)에 함유된 천연 가스이다. 넓은 지역에 걸쳐 연속적인 형태로 분포되어 있고 추출이 어렵다는 기술적 문제를 안고 있었으나, 1998년 그리스계 미국인 채굴업자 조지 미첼이 프래킹(fracking, 수압파쇄) 공법을 통해 상용화에 성공했다. 이는 모래와 화학 첨가물을 섞은 물을 시추관을 통해 지하 2~4km 밑의 바위에 5백~1천 기압으로 분사, 바위 속에 갇혀 있던 천연가스가 바위 틈새로 모이면 장비를 이용해 이를 뽑아내는 방식이다.

사회샘 자자, 공부와 의심이가 서로 다른 생각을 갖고 있는 것처럼, 화석 연료의 고갈 문제에 대해서는 오랫동안 논쟁이 있었어요. 하지만 화석 연료가 희소하다는 것과 화석 연료의 생산량 변동이 국제 경제의 변동에 큰 영향을 미친다는 것은 분명한 것 같아요. 2001년에 유가가 배럴당 24달러에 약간 못 미치는 수준이었는데, 2008년에는 배럴당 무려 147달러로 오른 게 하나의 예가 될 수 있죠. 그러자 전 세계적으로 전반적인 상품 및 서비스의 가격도 상승하게 되었고, 식량 가격도 엄청나게 올랐어요. 2008년경 콩과 보리 가격은 2배나 뛰었고, 밀은 거의 3배, 쌀은 4배가 올랐다고 하니까요. 그리고 2008년 7월에는 미국발 경제 위기도 있었고.

진단순

선생님. 왜 석유 가격이 오르는 데 식량 가격도 오르나요? 석유가 없어도 농작물은 키울 수 있는 것 아닌가요?

사회샘 아니, 그렇지가 않아요. 식량은 대부분 석유화학 비료와 농약을 사용해서 재배하죠. 시멘트나 플라스틱과 같은 건설자재, 제약 제품도 화석 연료로 만들고. 우리가 입는 옷도 대부분 석유화학 합성섬유로 만들고. 교통, 동력, 난방, 전력뿐만 아니라, 현재 인류의 문명 자체가 화석 연료에 의존한다고 해도 과언이 아닐 거예요.

진단순 그렇게 보면 석유 가격이 오르는 것은 정말 큰 문제잖아요. 빨리 식물이나 동물 사체를 모아서 화석 연료를 축적시킬 수 있는 방법은 없나요?

모의심

하지만 석유 가격이 상승하는 이유가 꼭 매장량의 부족 때문만은 아니라고 들었어. 사실 아직까지는 인류가 사용하기에 충분한 양의 석유가 있는 데도 석유를 가지고 있는 국가들이 그걸 권력화해서 가격을 올리는 경우도 많으니까. 그렇죠, 선생님?

진단순 정말 그런 건가요? 선생님? 석유 가격이 국가 권력으로 정해지는 거예요?

사회샘 현재 우리가 살고 있는 자본주의 시장 경제에서는 어떤 재화나 서비스의 가격이 어떻게 결정되지요?

장공부 수요와 공급이 일치해서 결정되지요.

사회샘 그렇죠, 시장 경제에서 각 경제 주체들은 가격을 기준으로 소비와 생산 활동을 해요. 쉽게 말하면 가격이 올라가면 소비가 줄어들고, 가격이 내려가면 소비가 늘어나고……. 가격이 올라가면 공급은 늘어나고, 가격이 내려가면 공급은 줄어들고……. 그렇게 소비와 생산 활동을 한다는 거죠. 그리고 그 가운데 자연스럽게 생산량과 소비량이 일치하는 방향으로 가격 조정이 이루어지는 거예요.

진단순 네, 저도 배운 기억이 나요.

사회샘

기본적으로 석유의 가격도 이러한 시장 경제의 원리에 따라 결정되고 있어요. 다만 한 가지 더 고려해야 할 점은 석유는 지구상에 골고루 매장되어 있지 않고, 몇몇 특정 지역에만 매장되어 있다는 사실이죠. 자, 이러한 석유 공급의 상황은 어떤 시장과 유사한 것 같아요? 경제 배울 때 선생님이 강조했었는데……

장공부 아, 독과점 시장이요!

사회샘 한 명도 대답 못했으면 그간 수업한 게 허탈할 뻔 했는데, 그래도 기억하고 있었네요. 맞아요. 우리는 이미 독과점 시장에서는 완전 경쟁 시장에 비해 가격은 높게, 공급량은 적게 책정된다고 배웠어요. (학생들의 표정을 보며) 아니, 여러분. 이런 처음 듣는다는 표정은 뭔가요?

진단순

그렇게 들은 것 같기도 하고……. 그런데 선생님. 독과점 시장이랑 석유 가격 결정이랑 무슨 상관이에요?

사회샘 지금까지 살펴본 석유 시장이 독과점 시장에 가깝기 때문이죠. 1973년 이전에는 앞에서 설명한 석유 메이저들이 석유 가격을 정했고, 1973년 이후에는 산유국들의 목소리가 더 커지면서 석유 가격 결정권이 석유수출국기구(OPEC)로 넘어가게 되었어요.

1973년에는 제1차 석유 파동이 일어났는데, 이를 기점으로 대규모 석유회사들보다 산유국의 힘이 강력해지게 되죠. 그리고 이 산유국 정부들은 국영 석유회사를 만들어 석유 산업 전반을 관리하고 운영하게 되었어요.

국영석유회사(National Oil Company: NOC)

대부분 1960–70년대, 산유국 정부가 메이저 석유회사 등에 대항하기 위하여 설립한 회사로, 정부를 대신하여 석유를 개발하고 석유 산업 전반에 대한 관리 및 운영권을 행사한다. 이 회사들은 자국의 석유 상 · 하류 부문을 대부분 독점 개발하고 있다. 이들은 석유시장의 메커니즘보다는 자국 경제나 정책적 결정에 따라 사업을 추진하기 때문에, 민간 석유회사들의 투자 경향이나 경영 전략과는 다른 방식의 투자와 경영 방식을 보인다. 영국 FT지는 대표적인 국영석유회사들을 '새로운 세븐 시스터즈(New Seven Sisters)로 발표했는데, 여기에는 Saudi Aramco(사우디), Gazprom(러시아), CNPC(중국), NIOC(이란), PDV(베네수엘라), Petrobras(브라질), Petronas(말레이시아)가 해당된다.

– 한국석유공사(2011), 『석유 산업의 이해』, 석유정보자료집, p.29~30 –

모의심 주체가 바뀌기는 했지만, 여전히 독점 체제라는 점에서는 달라진 게 없는 거 같아요.

사회샘 그런 셈이죠. 1987년 이후에는 석유 공급자와 수요자가 개별적으로 거래할 수 있는 시장이 발달하면서, 석유 메이저나 OPEC가 석유 가격에 미치는 영향은 줄어들고 조금 더 시장 가격 원리를 따르게 되었다고 해요.

하지만 2000년대 이후부터는 석유 고갈 문제가 더 심각해지면서 다시 OPEC의 영향력이 강화되는 추세예요. 현재는 대체로 북미와 유럽, 아시아 등의 어느 정도 경제가 발달한 국가들이 수요자이고, OPEC 산유국과 비OPEC 산유국(구소련, 북해, 북미 지역 등)이 공급자인 상황에서 시장의 수급에 의해 석유 가격이 결정되지만, 공급자의 영향력이 더 강하다고 할 수 있어요. 그렇다고 석유 메이저 회사들의 영향력도 무시할 수는 없지요.

장공부

아! 석유 가격 결정에 있어 석유 메이저 회사들이나 OPEC을 대표하는 산유국들이 큰 역할을 담당하고 있다는 것을 알게 되니까, 왠지 불안한데요? 이들이 마음만 먹으면 석유 가격이 폭등할 수 있을 것 같아요.

사회샘 역사적으로도 그런 일이 발생했었어요. **1, 2차 오일쇼크(석유파동)**가 대표적이죠. 제1973년에 일어난 1차 오일쇼크 이후로 석유 가격 결정권이 메이저 회사들에서 OPEC으로 옮겨갔다고 했었지요? 그 배경에는 국가 간 분쟁과 이권이 개입되어 있었어요. 당시 중동 지역에서 이스라엘과 아랍 국가들 사이에 전쟁이 있었거든요. 그런데 미국이 이스라엘을 도와주니까 아랍 국가들을 중심으로 한 OPEC이 석유 생산량을 줄이고 미국에 석유 수출하는 것을 금지해버린 거예요. 그러자 당시 배럴당 3달러에 불과했던 석유 가격이 1974년 1월에는 배럴당 11.65달러로 4배나 치솟게 된 거죠.

모의심

지금도 이스라엘과 아랍 국가들은 사이가 좋지 않은데, 그 당시에는 더 심했나 봐요?

사회샘 네, 그리고 1978년에 일어난 제2차 오일쇼크 때에는 이란에서 혁명이 발생했죠. 이란은 자국의 정치적 혼란을 이유로 석유 수출을 전면 금지했는데, 당시 이란은 세계 석유의 15%를 공급할 정도로 영향력이 컸어요. 여기에 엎친데 덮친 격으로 OPEC이 당시 배럴당 12.7달러였던 석유 가격을 단계적으로 14.5% 인상하겠다고 결정한 거죠. 그러자 석유 가격은 1981년 초 배럴당 40달러까지 상승하게 되었고요.

우리나라의 경우 제1차 오일쇼크 때에는 상대적으로 크게 영향을 받지 않았으나, 제2차 오일쇼크 때에는 피해가 매우 컸어요. 대내적으로 1979년 10 · 26 사건, 즉 박정희 대통령 암살 사건과 1980년 정치 혼란이 겹치면서 1980년의 실질성장률은 경제 개발 이후 처음으로 마이너스(−2.1%)를 기록했죠. 이때 물가 상승률은 무려 28.7%에 달했고 실업률도 5%를 넘어섰다고 해요

왜 이렇게 물가는 상승하고, 실업률은 증가하는 문제들이 발생했을까요?

이걸 알아보기 위해 석유 가격의 상승이 경제에 어떤 영향을 미치는지 찬찬히 생각해 볼 필요가 있어요. 석유 가격이 오른다는 것은 기업 측면에서 거의 모든 원자재 가격이 상승하는 것을 의미해요. 그러면 공급이 줄어들겠죠. 이를 그래프로 나타내면, 다음과 같은 총수요-총공급 곡선에서 공급 곡선이 왼쪽으로 이동하는 상황이라고 할 수 있어요.

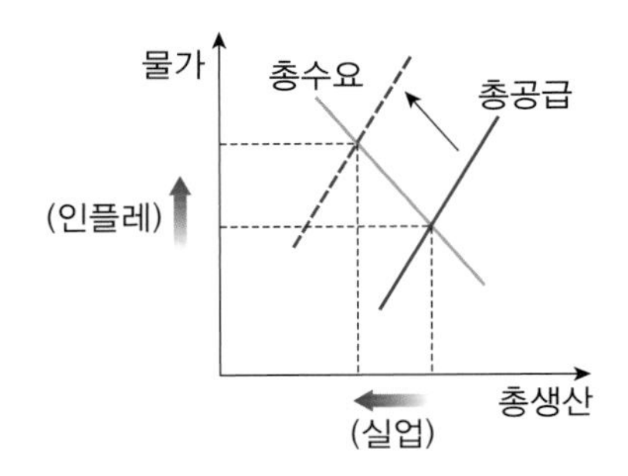

장공부 그러면 물가가 오르고, 총생산은 줄어드니까 제2차 오일쇼크 당시에 왜 물가 상승률이 20%가 넘을 정도로 높았는지, 실업률은 5%가 넘을 정도로 높았는지 이해가 되네요.

사회샘 시장 경제에서는 일반적으로 경기가 활성화되면 물가가 오르고, 경기가 위축되면 물가가 내린다고 할 수 있어요. 그런데 물가는 계속 오르는데 경제는 불황인 상황, 자본주의 시장 경제에서 최대의 경계 대상인 **스태그플레이션**(Stagflation)이 발생하는 것이라 볼 수 있죠.

스태그플레이션(Stagflation)

물가는 상승하는데 실업률이 증가하고 경제가 불황인 상황을 스태그플레이션이라 한다. 석유 가격의 상승이 스태그플레이션을 가져오는 과정은 다음과 같다. 석유 가격이 오르면 기업의 생산비용이 증가한다. 이를 그래프로 나타내면, 총수요–총공급 곡선에서 공급 곡선이 왼쪽으로 이동한다. 따라서 물가가 오르면서 총생산이 줄어드는 현상이 일어나게 된다.

모의심 일자리를 잃어서 소득이 없는데, 물가는 오르고……. 스태그플레이션이 오면 정말 살기 힘들겠어요.

사회샘 물론이에요. 게다가 스태그플레이션은 정부나 금융 당국의 입장에서도 해결하기가 매우 어려운 문제예요. 보통 경기 호황으로 인해 물가 상승이 지속되면 정부지출을 축소하거나 금리를 올려서 물가를 안정시키고, 경기 불황이 심해지면 정부 지출을 확대하거나 금리를 낮춰서 경기를 활성화하려고 하거든요. 하지만 스태그플레이션 상황에서는 긴축 정책을 쓸 경우, 대출금리가 올라 기업의 원가비용이 상승하고 이는 물가 상승으로 이어지게 돼요. 그리고 가계도 대출이자 부담 때문에 더욱 더 소비를 자제하게 되는 거죠. 반면 확장정책을 쓸 경우에는 시중에 돈이 더 많이 풀려 물가가 더욱 상승하게 되고요. 결국 스태그플레이션하에서는 정부가 어떤 선택을 하든 악순환이 반복되는 겁니다.

진단순 헐, 그러면 어쩌죠? 해결책은 없는 건가요?

사회샘 스태그플레이션의 해결책이 있다면…… 물가 상승 요인을 분석해, 물가가 더 오르지 못하도록 조치를 취하는 거겠죠. 석유 가격 상승으로 인한 스태그플레이션의 경우, 석유 가격이 안정되어야 해결이 되겠죠?

하지만 우리가 같이 살펴본 것처럼, 석유 가격은 석유 메이저 회사들이나 산유국들이 결정하기 때문에, 석유 가격이 안정될 가능성은 희박한 것 같아요. 결국 우리가 계속해서 석유에 많이 의존한다면, 스태그플레이션의 위험은 피할 수 없겠지요.

장공부 제 생각에도 우리는 제3차 오일쇼크가 오는 게 아닐까 하는 불안감을 안고 사는 것 같아요. 2011년에 튀니지, 이집트, 리비아 등 중동 여러 나라의 수많은 젊은이들이 지난 수십 년 동안 그 국가를 지배했던, 부패한 독재 정권에 대항하기 위해 거리로 쏟아져 나왔잖아요. 그때 이렇게 한번 정치적 격변이 발생하면 수많은 유전이 문을 닫고, 그러면 유가가 상승하게 된다고 들었어요. 이 나라들이 민주화되는 것은 긍정적이지만, 그로 인한 경제적 영향은 반갑지 않은 게 사실이에요.

모의심

하지만 장기적으로 볼 땐 민주주의 정권이 들어서는 게 석유의 안정적인 공급에도 도움이 될 것 같은데. 일시적으로 유전이 문을 닫는 것만 보고 손해라고 생각할 것은 아닌 것 같아.

장공부

그래, 그럴 수도 있겠다. 하지만 석유를 더 많이 가지려고 안달이 나 있는 수많은 나라들의 탐욕을 생각하면 석유 공급을 안정화하는 문제는 결코 쉽지 않을 것 같아.

화석 연료의 사용은 인간 중심적 가치관과 관련되어 있다

사회샘 마지막으로 화석 연료의 사용이 인간의 가치관과 관련이 있다는 이야기를 하고 넘어가야 할 것 같아요.

아까 산업 혁명을 기점으로 화석 연료 사용이 급증했다는 이야기를 했는데, 우리가 타임머신을 타고 산업 혁명이 일어났던 시대로 돌아간다고 상상을 해 보는 거예요. 그때 여러분이 화석 연료를 사용할 수도 있고 그러지 않을 수도 있다면, 어떤 결정을 내릴 건가요?

장공부 음……, 저는 사용할 것 같아요. 지금까지 화석 연료의 사용으로 인한 문제점들이 굉장히 많고 심각하다는 것을 살펴보긴 했지만, 그렇다고 해서 현재 상황에서 화석 연료를 포기하는 것은 그동안 누리고 살던 많은 것들을 한번에 포기해야 하는 것 같아서 부담돼요.

사회샘 음……, 물론 화석 연료의 사용으로 인해 그 당시 사람들에게는 신세계가 열렸을 거예요. 한 시간을 걸어야 갈 수 있던 거리를 증기기관차나 증기선의 발명으로 인해 약 20분이면 편히 앉아 갈 수 있게 되었고, 몇 날 며칠을 뜨개질을 해야 얻을 수 있었던 옷을 방적기, 방직기의 발명으로 인해 대량 생산할 수 있게 되었으니까요. 화석 연료의 사용으로 인해 이전보다 편리하고 풍요로운 삶을 누리게 되었기에 그 효용을 인정하지 않을 순 없을 것 같아요.

모의심 그렇지만 앞에서 살펴본 것처럼 화석 연료를 사용하게 되면 환경 오염을 일으켜 인간과 다른 동물, 식물들에도 큰 피해를 주잖아요?

사회샘 그렇지. 인류가 계속해서 화석 연료를 많이 사용해왔기 때문에, 물질적 풍요로움은 얻었지만, 그만큼 아니 어쩌면 그 이상으로 자연을 파괴했어요. 만약에 화석 연료를 사용하지 않았다면 자연은 그대로 보존되었을지 모르지만 지금과 같이 편리하고 안락한 삶을 누릴 수는 없었을 거예요. 이 딜레마 속에서 인류는 깨끗한 자연을 물질적 풍요와 맞바꾼 셈이죠.

진단순

그래서 선생님 말씀은 화석 연료 사용이나 환경 오염 문제가 다른 대안이 없는, 어쩔 수 없는 문제니까 그냥 오염시키면서 살라는 건가요? 선생님, 실망이에요!

사회샘 아니, 선생님은 그런 결론을 내리려는 게 아니에요. 그리고 선생님이 이 문제를 간단히 해결할 수 있었으면 여기 이러고 있지 않았겠죠. 너무 성급하게 판단하지 말고 조금 더 들어 보세요.

인간이 자연을 대하는 태도는 기본적으로 **도구주의적**이에요. 무슨 말이냐면 자연을 인간이 함께 살아가는 동반자로 보기보다는 인간의 물질문명 발전을 위해 이용해야 하는 도구로 보고 있다는 거죠.

그리고 이렇게 자연을 도구로 바라보는 관점에는 동식물을 포함해 자연에 어떠한 피해가 가더라도 인간에게 이익이 되면 괜찮다, 어쩔 수 없다 생각하는 **인간 중심적인 태도**가 깔려 있어요.

장공부

아, 왠지 마음을 찌르는 말씀이네요. 인류가 지금처럼 화석 연료를 계속 사용하고 있는 것은 기본적으로 인간 중심적 가치관으로 인한 것이라는 말씀이지요?

사회샘 **"우리는 '왜' 화석 연료를 사용하는가?"**라는 질문을 끝까지 밀어붙이면 궁극적으로는 그런 가치관이 바탕에 있다는 거죠.

진단순

선생님 죄송해요. 제가 오해를 했네요.

사회샘 괜찮아요. 이렇게 수업을 통해 조금씩 오해를 풀어가는 거니까요. 실제로 화석 연료 사용으로 인해 환경이 파괴되는 장면들을 보면, 우리가 계속 이렇게 인간 중심적으로 사는 것이 과연 올바른 것인가 하는 회의가 들기도 해요. 여러분 아프리카에 있는 나이지리아라는 나라에 대해 들어본 적 있어요?

1956년 나이저 삼각주에서 원유가 발견된 뒤로 나이지리아 국민들은 석유 발견 전보다 훨씬 더 불행한 삶을 살고 있다.

2
장

모의심 네, 나이지리아는 산유국 아닌가요?

진단순 오, 석유가 있단 말이야? 그럼 꽤 잘 살겠네.

사회샘 석유가 매장되어 있지만, 대부분의 사람들은 가난해요. 그게 나이지리아의 비극이죠. 나이지리아의 국민 절반은 절대 빈곤층이고, 대부분의 사람들이 하루 1달러도 안 되는 생활비로 연명하고 있거든요.

진단순 네? 어떻게 그럴 수가 있어요? 석유 팔아서 번 돈은 다 어디로 갔어요?

사회샘 1956년에 나이지리아 나이저 삼각주에서 원유가 발견되었죠. 그 지역의 주민들은 자신들이 풍족한 삶을 살 수 있을 거라 기대했지만, 실제로는 그 수익이 거대 석유회사들과 그들의 뇌물을 받은 공무원, 군인들에게만 돌아갔어요. 주민들은 이전에는 어패류를 수확해서 자급자족할 수 있었지만, 이제는 석유 개발 사업으로 인한 환경 오염으로 많은 야생 동식물과 어류들이 멸종해 버려서 그마저도 어렵게 된 거예요.

모의심 정말 슬픈 일이네요. 한번 오염된 환경을 다시 되돌릴 수도 없을 테니 말이에요.

사회샘 그래요, 이러한 상황 속에서 주민들은 스스로 군대를 조직하여 정부군과 석유회사 직원들을 납치, 살해하고, 석유 시설을 공격하게 되었어요. 이 과정에서 끊임없이 석유가 유출되는 것이죠.

장공부

선생님, 인간의 관점에서 보면 석유회사는 강자, 나이저 델타 해방운동을 하는 사람들은 약자일 수 있겠지만, 자연의 입장에서 보면 둘 다 엄청나게 환경을 파괴하고 있는 것 같아요.

사회샘 맞아요. 나이저 삼각주는 석유 유출 사고가 끊이지 않는 곳으로 유명해요. 석유 개발이 본격화된 1976년부터 1996년까지 4,800여 건의 크고 작은 유출사고가 있었고, 이 때문에 240만 배럴의 석유가 유출되었다고 하니까요. 2007년에 우리나라에서 있었던 태안 기름 유출 사고 기억하나요? 그때 유출된 기름이 75,000배럴 정도인데, 이보다 약 30배 이상의 기름이 유출된 거니까 어마어마 하죠.

진단순 그렇다면 거의 회복이 불가능하겠는데요. 이 곳에서 사는 사람들은 뭘 먹고 살아야 할지 막막할 것 같아요. 물도 마음대로 못 먹을 거 아니에요?

모의심 나이저 삼각주 사례를 보면서 멸종해 버린 수많은 동식물들, 파괴된 삼림, 오염된 바다를 걱정하기보다 먹고 살기 막막해진 인간을 더 걱정한다는 것도 우리 안에 인간 중심적인 태도가 있다는 것을 보여 주는 것 같네요.

장공부

물론 그럴 수도 있지만, 우리는 인간이니까 더 인간에게 마음이 가는 것은 당연한 것 아닐까? 그리고 이 사례에서는 분명히 인간들이 잘못했다고 생각하지만, 일상적으로 인간이 먹고 살고 어느 정도 편리함을 누리기 위해 자연을 이용하는 것을 무조건 잘못이라고 할 수는 없을 것 같은데.

사회샘 (웃으면서) 그런 얘기는 4장에서 오생태 이장님께서 더 자세히 설명해 주실 것 같으니 그때 얘기를 더 나눠 보도록 해요.

장공부 선생님 이렇게 화석 연료 배출로 인해 미세먼지도 발생하고, 지구 온난화도 발생하고, 산성비도 내리고……. 독과점이나 스태그플레이션의 가능성도 있고, 또 그 자체로 중앙 집권적이고 인간 중심적이라는 문제가 있다는 건 알겠는데, 이 문제들을 어떻게 해결해야 하나요? 그렇다고 화석 연료를 아예 안 쓸 수 있는 것도 아니고…….

사회샘 

맞아요. 화석 연료를 쓰지 않고서는 지금과 같은 편리한 생활을 유지할 수가 없는데, 화석 연료를 계속 쓰면 인간과 자연에게 모두 엄청난 피해가 간다는 불편한 진실! 이 딜레마를 어떻게 해결해야 할까요?

이에 대해 경제학자들은 개발로 인한 편익과 비용을 계산해서 편익이 비용보다 큰 지점까지 개발을 해야 한다고 주장하고 있어요. 하지만 생태론자들은 이러한 환경 문제가 인간의 지나친 욕심으로 인해 생긴 것이기 때문에 생존에 필요한 만큼만 생산하고 소비하는 쪽으로 화석 연료 사용을 대폭 줄여야 한다고 주장하죠.

여러분들은 어떻게 생각하나요? 다음 시간에는 이러한 문제들을 어떻게 해결할지에 대해 같이 생각해 봅시다.

동북아시아 지역의 대기 오염

아래 지도는 전 세계 대기 오염을 한눈에 볼 수 있도록 나타낸 환경 지도이다.

(자료 : 대기 오염 세계 지도, 독일 막스 플라크 화학연구소-유럽 위원회 공동연구센터)

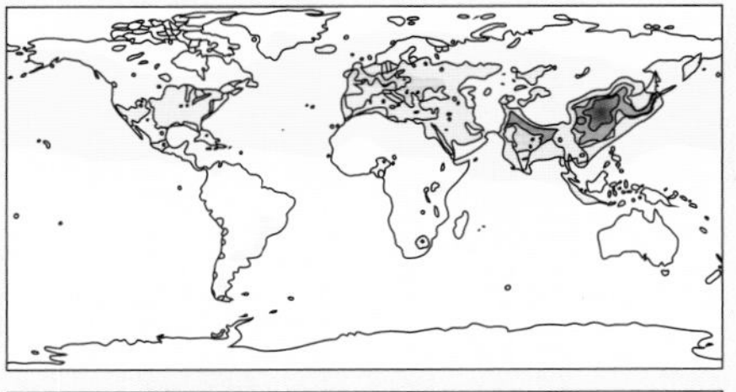

2010년 기준 세계 대기 오염도를 나타낸 지도. 중국을 포함한 동북아시아 일대가 가장 오염도가 높은 것으로 나타났다.

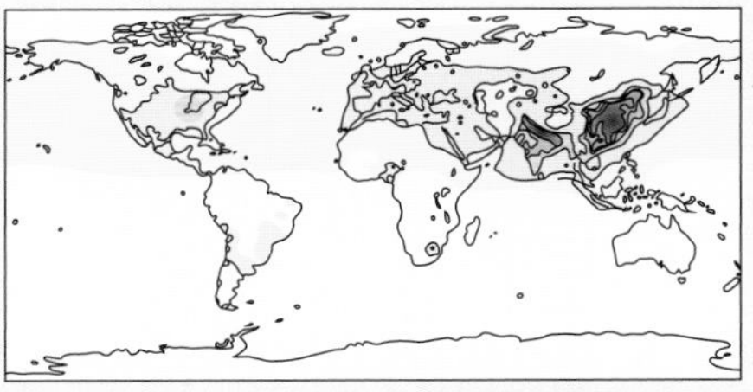

2025년 세계 대기 오염도 예측 지도. 한반도의 오염이 더욱 심해졌다. 인도 중부와 중국 지방의 오염 지대가 확산된다.

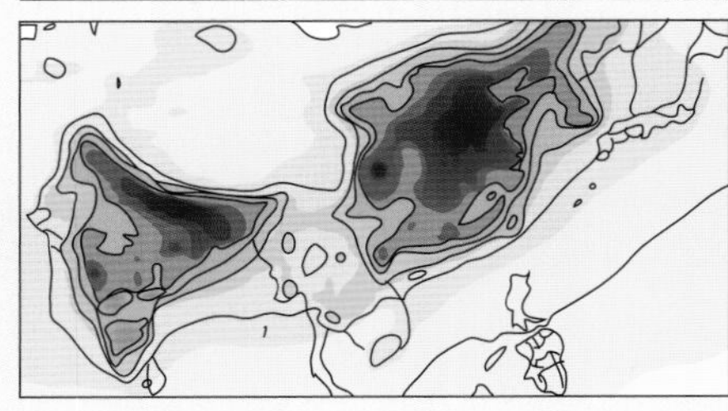

2050년 오염 예측 지도. 아시아 지역을 확대한 모습. 한반도는 중국 내륙의 공업 지대와 인도 북부 다음으로 오염도가 높다. 공단이 밀집된 한반도 남부 지역은 중국 내륙만큼 오염도가 높을 것으로 예상된다.

1. 한반도를 비롯한 동북아시아의 대기 오염도가 다른 지역에 비해 아주 높은 이유는 무엇인가?

2. 동북아시아의 대기 오염을 완화시키기 위한 대책에 대해 모둠별로 토론해 보자.

03

환경경제학자의 눈으로 본 화석 연료와 에너지 문제

“경제적 비용과 편익을 고려해서 적절한 수준으로 환경을 보호할 수 있어요.”

지금 당장 화석 연료 사용을 줄여야만 할까?

장공부 지난 시간에 화석 연료로 인해 생태계 피해가 커지고 있다고 했잖아. 근데 정말 심각한 게 맞나 봐. 얼마 전에 〈불편한 진실〉이라는 다큐멘터리를 봤는데, 지구가 곧 물에 잠긴대.

진단순 뭐? 나는 연애도 못해봤는데, 결혼도 못하고 죽으면 어떡해.

장공부 지금 당장은 아니니까 그런 걱정은 안 해도 괜찮아. 하지만 이 추세대로라면 20~30년 후에는 상하이, 뉴욕 등 대도시의 40%가 물에 잠기고, 네덜란

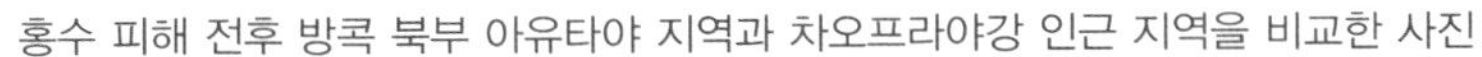

홍수 피해 전후 방콕 북부 아유타야 지역과 차오프라야강 인근 지역을 비교한 사진

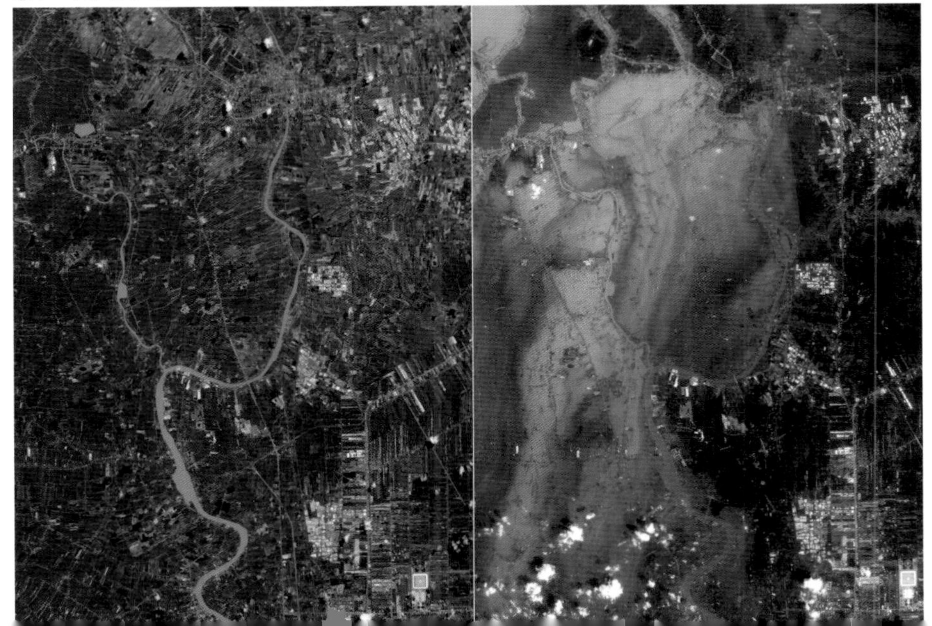

드는 아예 지도에서 사라질 수도 있대. 그뿐인 줄 알아? 빙하가 녹아 사라지면서 빙하를 식수원으로 하는 인구의 40%가 식수난을 겪고 해수면이 상승해 초강력 허리케인이 2배 이상 증가한다잖아.

모의심

글쎄. 뭐 환경 오염이 문제인 것도 알겠고, 온난화가 문제인 것도 맞지만, 그 정도로 이야기하는 건 과장이 좀 심한 것 같은데? 선생님, 진짜 그 정도로 문제가 심각한 건가요? 그냥 사람들 경각심 가지라고 과장해서 이야기하는 거 아닌가요?

사회샘

지구 온난화가 당면한 전 지구적인 문제인 건 사실이에요. 그리고 화석 연료 사용으로 인해 더욱 심각해지고 있는 것 또한 사실이고. 하지만 의심이 말처럼 이 문제의 심각성이 지나치게 과장되었다고 주장하는 입장도 있어요.

지난 시간에 소개했던 환경경제학자 도환경 님을 모셔서 이와 관련된 이야기를 들어 볼까요? 도환경 님 나와 주세요.

(도환경 등장)

도환경 안녕하세요, 뒤에서 모의심 학생의 문제 제기를 잘 들었습니다. 이름만큼 예리하고 아주 적절한 지적이라고 생각해요. 화석 연료를 많이 사용하면 환경이 오염되는 것은 맞지만, 그 위험성과 정도는 과장된 경우가 많습니다.

진단순 사실 저는 별로 그런 걱정 안 하고 살았는데, 텔레비전을 보면 심각하다고 이야기하니까요. 북극곰 이야기도 많이 나오고.

도환경 하지만 지구 온난화로 인해 현 세기 내에 심각한 문제가 생길 가능성은 낮습니다. 어떤 이는 지구 온난화로 해수면이 수 미터 높아져서 우리 모두가 물에 잠길 것처럼 말하는데, 2050년의 해수면 상승폭은 12.7센티미터, 2100년의 상승폭은 30센티미터에 불과해요. 과학적인 데이터를 근거로 추정한 거죠.

진단순 지금도 온난화 때문에 많은 양의 북극 얼음이 녹고 있다고 들었어요. 그럼 조만간 우리도 물에 잠기는 건 사실 아닌가요?

사회샘

물 위의 얼음이 녹는다고 해서 그만큼 육지가 줄어드는 건 아니니까요. 해수면 위에 떠 있는 북극 얼음이 녹는다고 해서 그 얼음 양만큼 해수면이 상승하지는 않아요.

도환경

맞습니다! 지구 온난화로 북극의 얼음이 녹아 해수면이 상승한다는 주장은 말도 안 되는 비과학적 주장입니다. 물론 남극 육지의 얼음이 녹아 바다로 갈 경우에는 해수면이 상승하겠지만 남극은 여전히 기온이 낮기 때문에 문제가 될 만큼 얼음이 녹는 일은 없어요. 오히려 남극 육지의 얼음양이 늘어날 가능성이 더 크죠.

진단순 아니, 얼음이 녹는 게 아니라 더 늘어난다구요?

도환경 날씨가 더워지면 비가 많이 오잖아요? 남극에도 비나 눈이 더 많이 내리게 되면 그게 얼어서 얼음양이 증가하게 되는 거죠. 결국, 지구 온난화가 진행되어 육지의 빙하가 녹고 바닷물이 팽창해 해수면이 상승한다 해도, 상승폭은 그리 크지 않을 거라는 거예요.

모의심

그 정도가 크지는 않다고 해도 어쨌거나 상승하는 건 맞잖아요? 그럼 누군가는 피해를 입는 사람이 생기는 거 아닌가요? 지리 시간에 해수면 상승이 몇 센티미터라고 해서 그걸 만만하게 생각하면 안 된다고 들었거든요.

도환경

물론 그렇게 볼 수 있죠. 하지만 그 정도는 해수면 상승으로 침수가 예상되는 지역에 적절한 보호 시설을 갖추면 충분히 해결할 수 있다고 봐요.

장공부 그렇게 듣고 보니 지구 온난화가 별 문제가 아닌 것처럼 느껴지네요. 지금까지 우리가 배워왔던 거랑 너무 달라서, 완전히 거꾸로 생각해 봐야겠어요. 그럼 혹시 온난화가 심해질 경우 좋은 점도 있나요?

모의심 온난화로 인해 문제가 되는 지역은 주로 더운 지역이니까, 오히려 추운 지방에는 도움이 될 수도 있겠다.

도환경 네, 맞아요. 추운 고위도 지역에서는 농사에도 긍정적인 영향을 미칠 가능성이 크죠. 고위도 지역의 기후가 따뜻해지면 생육기간이 길어지고 다모작이 가능해지거든요. 결국 농업 생산성이 높아지게 되는 거죠. 실제로 최근의 연구에 따르면 2100년까지 지구 온난화가 진행되더라도 지구 전체의 농업 생산량은 총 1.7퍼센트 늘어난다는 낙관적 예측 결과도 있습니다.

진단순 아, 괜히 걱정했네. 이제 일찍 죽을 걱정 안 해도 되니까 마음 편해졌어요.

기술적 측면에서 화석 연료 문제를 바라본다면?

화석 연료 사용을 갑자기 줄일 필요가 없다

장공부 선생님, 지난 시간에 화석 연료를 많이 사용해서 심각한 문제들이 생긴다고 배웠잖아요? 그 심각한 문제가 온난화만 있는 건 아니지만……. 어쨌든 가장 심각하게 제기되는 문제가 온난화니까, 도환경 님 말씀대로 온난화에 대한 위험이 과장되었다면 화석 연료 사용을 굳이 줄일 필요가 있나요?

도환경 제가 답변을 드리죠. 화석 연료에 문제가 많다는 것은 저도 인정하지만, 여전히 효율적인 에너지원이라는 것 또한 인정하지 않을 수 없어요. 그래서 화석 연료 사용을 갑작스럽게 줄이거나 화석 연료를 대체 에너지로 전면 교체하자는 것은 지금으로서는 적절한 방안이 아니에요. 왜냐하면 화석 연료를 포기하고 대체 에너지를 상용화할 기술 수준을 아직 갖추지 못했기 때문이죠.

장공부

태양광 에너지 같은 건 이제 많이 보편화되지 않았나요? 저는 대체 에너지 기술이 꽤 발전한 걸로 알고 있었는데…….

도환경 물론 투자를 계속하고 있고, 발전도 되고 있죠. 하지만 효과나 이익은 별로 크지 않고 비용은 화석 연료 사용으로 발생하는 비용보다 더 많이 든다는 게 문제죠. 단적인 예를 들자면, 이전 정부에서 플러그인 전기차(PHEV) 양산을 중점 사업으로 선정했지만 결국 배터리 용량 및 비용, 저속으로 인한 사고 위험성 증가, 충전 인프라 부족 등의 문제로 한계에 직면했던 것을 이야기할 수 있겠네요. 그래서 2016년까지 플러그인 전기차는 겨우

6,000여 대 보급되는 데 그쳤죠. 대체 에너지 사용은 장기적인 관점에서 접근해야지, 성급하게 생각하면 안 돼요.

모의심 

그러면 화석 연료 사용으로 발생하는 환경 문제는 어떻게 하죠? 온난화만이 아니라 다른 문제들도 많이 있잖아요. 이 모든 것들을 어느 정도 감수하고 살아야 한다는 말씀인가요?

도환경 현재로서는 그게 최선이고 합리적인 선택이죠. 모든 선택에는 긍정적인 면과 부정적인 면이 있게 마련 아닌가요? 그러니까 비용과 편익을 계산해서 가급적 비용을 최소화할 수 있는 방안을 찾는 게 옳은 거죠. 지금으로서는 환경 문제가 생기더라도 화석 연료를 적절하게 사용하는 것이 효율적인 방안이라는 거예요.

장공부 그러다가 환경 문제가 더 심각해지면 어떻게 하죠? 그때는 너무 늦은 거 아닌가요?

도환경 

환경 오염이 극심해져서 화석 연료 사용으로 얻는 편익보다 오염을 해결하느라 치르게 될 비용이 더 큰 상황이 되면, 그때는 화석 연료 사용을 줄여야겠죠.

예를 들어, 화석 연료의 과다한 사용으로 인해 서울시 대기가 심각하게 오염될 경우 여러 가지 피해가 발생할 수 있습니다. 실외 활동을 못하게 되고, 호흡기 질환에 걸릴 위험도 커지고, 대기 정화 비용도 많이 들게 될 거예요. 이 경우에는 화석 연료 사용으로 얻게 되는 편익보다 치르게 될 비용이 더 커지게 되죠. 이 때가 되면 화석 연료를 사용하면 할수록 만족감이나 편익은 줄어들어 손해가 커지는 거죠.

진단순 그럼 화석 연료를 쓰지 않으면 되겠네요. 그렇게 하면 공기가 지금보다 훨씬 깨끗해지겠죠. 깨끗한 공기는 모두에게 좋은 거고 그러면 만족감이나 편익은 늘어나는 거 아닌가요?

모의심 오, 단순이가 제법 멀리까지 생각했는데? 하지만 그 깨끗한 공기를 유지하고 누리는 데 비용이 들잖아. 당장 종이컵 쓰는 것보다 개인 컵이나 텀블러를 들고 다니면 환경에는 좋지만 귀찮고 불편하니까 오히려 만족감이 줄어들 수도 있잖아. 초기에 컵을 장만하는 비용도 많이 들고.

진단순 생각을 깊이 해서 그런가? 무슨 말인지 헷갈리네요. 그래서 결론이 화석 연료를 쓰자는 건지 말자는 건지 모르겠어요.

장공부

화석 연료를 쓰자거나 말자거나 하는 결론이 아니야. 도환경 님의 말씀은 비용보다 편익을 크게 하는 수준에서 화석 연료를 사용하자는 거지. 화석 연료를 사용하지 않아 발생하는 불편이나 비용이 너무 크다면 환경 오염이나 지구 온난화를 감수하더라도 화석 연료를 적당히 사용하는 게 이득이라는 말씀!

도환경 장공부 학생이 정리를 잘 해 줬어요. 경제학의 관점에서 볼 때 효율적인 대안은 화석 연료를 갑자기 줄여 환경 문제를 최소화하는 것이 아니라, **화석 연료를 적절하게 사용해 환경 문제를 최적 수준으로 유지하는 것**입니다. 그 최적 수준은 바로 사회 전체의 비용보다 편익이 더 커 구성원들의 만족감이 최대화되는 지점이 되겠죠. 만약 화석 연료를 사용하지 않는다면 깨끗한 환경이라는 편익을 얻을 수 있지만 이로 인해 막대한 비용과 불편을 감수해야 하기 때문이에요. 환경 문제에 지나치게 많은 사회적 자원과 비용이 투입되면 다른 전반적인 복지 수준이 떨어질 수도 있거든요. 그러니까 환경 오염의 폐해를 화석 연료로 인한 비용, 그리고 다른 복지나 만족 수준을 화석 연료로 인한 편익이라고 한다면 전자보다 후자가 큰 지점까지 화석 연료를 사용하는 것이 합리적인 선택이겠죠.

모의심

합리적인 생각은 맞는 것 같지만, 어쩐지 너무 경제학적인 관점에서 생각하시는 것 같은데……. 환경경제학자가 아니고 그냥 경제학자이신 거 아닌가요?

장공부

틀린 말씀은 아니잖아. 우리가 다 행복하게 잘 살자고 하는 일인데, 환경 보호하려다가 불편하고 비용도 더 많이 들어서 불행해진다면 환경 보호가 무슨 의미가 있겠어?

모의심 경제적 효율성이 떨어지더라도 환경 문제를 최대한 줄이려는 시도를 해야 하는 것 아닌가 싶은데……. 환경이 어느 정도 파괴되거나 오염되어도 좋다는 식의 결론이 뭔가 좀 찜찜해…….

화석 연료 사용을 절감하는 기술 개발은 필요하다

도환경 의심이 학생은 제가 환경 문제에 관심이 없는 것처럼 보이나 봐요?

모의심 솔직히 그렇잖아요.

도환경 그렇지 않아요. 단지 무엇을 기준으로 하느냐의 차이일 뿐이지, 저 역시 깨끗한 공기와 아름다운 자연을 지키고 싶어요. 그런 점에서 당장 화석 연료 사용을 중단하자는 건 안 되지만, 화석 연료 사용을 줄이는 기술 개발이 장기적으로 이뤄져야 한다고 봐요.

모의심 기술 개발하는 데도 비용이 들잖아요.

도환경 맞아요, 사실 **화석 연료의 절감 문제도 결국 비용과 편익의 문제**라고 볼 수 있습니다. 앞서 말했듯이, 경제학자들은 단지 화석 연료가 환경 파괴나 오염을 초래한다는 이유만으로 화석 연료 사용을 반대하지 않습니다. 경제학적으로 중요한 문제는 화석 연료 사용 단위를 늘릴 때마다 이에 따르는 비용 대비 편익을 따져보는 것입니다. 지금과 같은 추세로 화석 연료를 계속 사용할 경우 우리가 얻는 이익보다 피해가 커지기 때문에 화석 연료 사용을 줄여 나가야 한다는 거죠.

장공부 음……. 이제 분명하게 이해가 되네요. 화석 연료 사용으로 치러야 하는 비용이 점차 커지니까 화석 연료를 줄여 비용을 절감해야 한다는 거죠?

진단순

근데 아까부터 자꾸 비용 비용 그러는데, 구체적으로 무슨 비용이 얼마나 드는 거예요?

도환경 비용은 크게 두 가지 측면에서 생각해 볼 수 있어요.

첫째, 화석 연료를 구입하는 데 드는 비용이 있죠. 아시다시피 화석 연료가 점점 고갈되고 있는 상황이라 구입 가격도 점차 비싸지고 있어요. 화석 연료를 전보다 적게 쓰든지 더 값싼 대체 에너지원을 써야 에너지 사용 비용을 줄일 수 있겠죠. 둘째, 화석 연료로 인한 환경 피해 비용 또한 커지고 있어요. 수질 및 대기 오염, 지구 온난화로 인한 피해 등의 문제는 화석 연료를 사용하는 한 더욱 심화되는 문제이기 때문에 이러한 피해 비용을 줄일 필요가 있죠. 그래서 화석 연료를 점차적으로 줄이고 다른 대체 에너지를 활용하는 방안을 찾을 필요가 있다는 거예요.

진단순 음……, 이제 저도 알겠어요. 화석 연료 가격이 비싸지고 있으니까 아껴 써야 하고 화석 연료를 아껴 쓰면 환경 피해 비용도 줄어들고, 일석이조네요?

도환경

예를 들어, 기존 내연 기관 자동차들이 에너지 효율을 높이면 환경 오염이 줄어들 뿐만 아니라 경제적으로도 이익이 되니까요. 우선적으로 클린 디젤이나 하이브리드차과 같은 저탄소 차량은 미세먼지나 탄소 배출을 줄이는 데 기여해요. 그리고 이러한 저탄소 차량은 높은 에너지 효율과 제품 경쟁력을 지니기 때문에 보다 많은 수익을 창출할 수도 있죠.

모의심

그렇게 따지면 저탄소 차량보다 전기차가 더 친환경적이면서도 경제적인 선택 아닌가요?

도환경 전기차 자체는 전력 소모량이 적을지 몰라도 전기차 배터리를 생산하는 데 전력 소모량이 엄청납니다. 이러한 배터리를 생산하는 데에도 화석 연료가 사용되니까 아주 친환경적인 제품이라고 볼 수 없죠. 그리고 아직까지 전기차는 비싸기 때문에 비용 대비 편익도 낮습니다.

진단순 그럼 전기차는 포기하고 계속 화석 연료를 적게 쓰는 저탄소 차를 타야 한다는 건가요?

배기가스와 소음이 거의 발생하지 않는 전기차

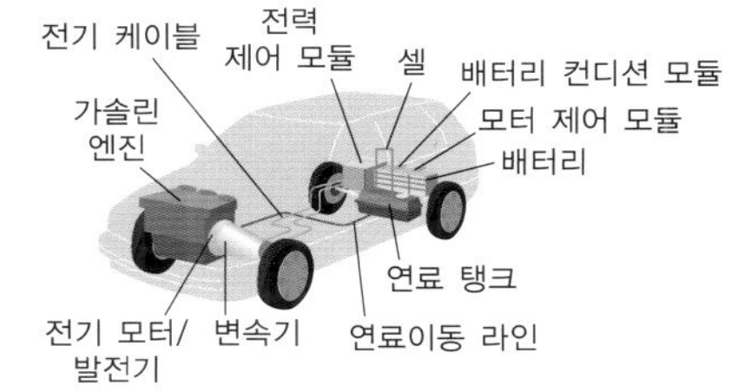

전기차의 구조

도환경 단순히 무조건 저탄소 차를 타야 한다고 말씀드리는 게 아니에요. 저는 환경 문제를 장기적인 관점에서 접근해야 한다고 말하고 싶은 거예요. 현재는 전기차를 양산하는 것보다 전기차 배터리 생산 효율을 높이기 위한 연구개발에 투자하는 것이 더 합리적인 선택이 되겠죠. 기업은 전기차처럼 설익은 환경 제품들을 양산하기보다는 차라리 기술적으로 충분히 완성되기까지 기다리며 계속 연구 개발에 투자하는 게 더 낫다는 거죠.

장공부 지금 당장 너무 이상적인 목표를 실현하려고 하기보다는, 장기적인 시각을 갖고 저탄소 에너지 기술을 개발해야 한다는 말씀이시군요.

도환경 그렇습니다.

환경 산업의 경제적 가치에 주목할 필요가 있다

모의심 그렇다면 태양열, 지열, 풍력 등의 다른 대체 에너지 활용도 보다 장기적인 관점에서 접근해야 한다는 말씀이신 거죠?

도환경 그렇죠! 여러분들이 흔히 알고 있는 태양열 에너지도 화석 연료를 대체하기에는 아직 기술 수준이 충분하지 못합니다. 현재 태양열 에너지는 원하는 장소와 시간에 맞춰 생산할 수 없다는 문제가 있거든요. 그리고 태양열 에너지가 가장 풍부한 곳은 적도 주변이지만 사실상 그 에너지가 가장 많이 필요한 곳은 산업화된 북위 30~60도 국가들이라는 점에서 시공간적 한계가 크죠. 그렇기 때문에 태양열 에너지를 상용화하려면 에너지를 저장하는 기술을 개발하는 것이 핵심이 되는 거예요. 그러나 태양열을 에너지로 변환하는 기술에는 과잉 투자된 반면 정작 필요한 기술, 즉 그 에너지를 저장하는 기술에는 아직 충분한 투자가 이루어지지 않은 상태인 거죠.

장공부 

에너지 저장 기술이 뒷받침되지 않은 상태에서 태양열 에너지의 상용화는 너무 마음만 앞서간 거군요.

도환경 그렇다고 볼 수 있죠.

환경 보호는 우리 모두의 과제인 거고, 모두 공감할만한 중요한 문제다 보니 너도 나도 주장하기는 쉬워요. 하지만 그 말들이 실제로 얼마나 실현 가능한 것인지, 우리가 그로 인한 부담을 감당할 수 있을 것인지를 고민하는 게 진짜 환경주의자 아닐까요?

아까 모의심 학생은 제가 진짜 환경 보호에 관심을 가지고 있는 게 맞는지 의심하던데, 저는 저처럼 합리적인 선에서 실현가능한 방안을 모색하는 게 진짜 친환경주의자라고 생각해요.

장공부 음……, 듣고 보니 역시 일리가 있네요.

도환경 흔히 환경 문제가 심각하다고 하니까 조바심이 나서 당장 새로운 생산 방식을 시도하거나 친환경 제품을 만들어 내려고 하는데, 이건 위험할 수 있어요. 기술적인 준비가 충분한지, 제품 양산을 하더라도 손익분기점을 넘길 수 있는지 잘 따져 보는 게 중요해요. 만약 충분한 준비가 안 된 상태라면 일단 연구 개발에만 집중하는 게 낫다는 거죠. 대체 에너지 산업은 장기적으로 새로운 부가가치를 창출하는 경쟁력 있는 산업이 될 수도 있지만, 아직까지는 경제성도 떨어지고 그렇게 친환경적이지도 않으니까요.

모의심 

결국 친환경적인 기술을 도입할 때에도 비용 대비 편익을 따져 보자는 거군요. 듣고 보니 대체에너지 기술을 성급하게 도입해 사회, 경제적 손실을 크게 할 이유는 없을 거 같네요.

2011년 토호쿠 대지진 및 쓰나미 뒤의 후쿠시마(출처 : 크리에이티브 커먼즈)

3장

진단순

근데, 원자력 에너지는 지금 당장 화석 연료를 대체할 수 있는 에너지 아닌가요? 탄소를 배출하지 않아서 친환경적이고 원료 단가도 저렴하다고 하던데요.

장공부 너는 후쿠시마 원자력 발전소 사고 얘기도 못 들었어? 사고 위험 비용까지 계산하면 원자력 발전소로 인한 편익보다 비용이 훨씬 더 크지.

진단순 일본 후쿠시마에서 무슨 일이 일어났었는데? 원자력 발전소에서 사고가 났다고?

도환경 하하하. 단순이 학생은 이제까지 별 걱정 없이 생선을 먹었겠군요. 때로는 모르는 게 약일 수도 있죠. 일단 원자력 발전과 관련된 비용, 편익을 따져 봅시다.

2014년 환경정책평가연구원의 조사 결과에 따르면 원전의 발전 단가는 kwh당 50원 내외로 화석 연료에 비해 다소 싼 편이에요. 여기에서 발전 단가는 건설비, 연료비, 관리비뿐만 아니라 원전 해체 비용, 방사성 폐기물 처리 비용까지 모두 포함된 거죠. 이 비용만 놓고 보면 원전은 화석 연료를 대체할 수 있는 효율적인 에너지원이라고 주장할 수도 있습니다.

그러나 사고 위험 비용이나 입지 갈등 비용 등을 포함하면 얘기가 달라지죠. 2011년 후쿠시마 원전 사고 이후에는 사고 위험 비용, 즉 중대 사고의 발생에 대응하기 위해 미리 적립하는 비용을 계산에 포함시키는 추세입니다.

그리고 이러한 사고를 막기 위한 안전 설비 보강 비용도 만만치 않고요. 원자력 발전소나 방사성 폐기물 처리장 부지 선정을 둘러싼 지역 주민들과의 갈등을 해결하기 위해서도 막대한 비용이 필요하거든요.

진단순 그렇게 따져 보니 결코 적은 비용이 아니네요.

장공부

결국 현재로서는 화석 연료를 전면적으로 대체할만한 마땅한 에너지원이 없다는 이야기네요. 오히려 대체 에너지 산업보다는 환경 오염 처리 산업이나 친환경 소재 산업이 당장 효과를 얻을 수 있을 것 같아요.

도환경 맞아요, 지금 말한 산업들을 넓게 보면 환경 산업이라고 할 수 있는데 현재로서는 친환경적이면서도 부가가치를 낳는 전도유망한 산업이라고 할 수 있겠죠. 특히 환경 오염이 날로 심각해지는 현 상황에서는 환경 오염을 예방, 처리하는 환경 산업의 중요성은 매우 커지고 있어요.

진단순 환경 산업? 좀 더 구체적으로 말씀해 주시면 안 되나요?

도환경 사전적인 의미로 이야기하면, "**대기오염, 폐수, 폐기물, 소음 · 진동, 토양 악화 등과 같은 환경적 유해요인을 측정, 예방, 제어하거나 환경 피해를 최소화하고 복원하기 위한 제품 생산 또는 서비스를 제공하는 산업**"이라고 할 수 있겠네요. 쉽게 이야기하면 환경 오염 유발 요인을 찾아서 예방하고, 망가진 환경을 복원하는 거죠. 예전에는 환경 오염 물질을 정화하거나 환경을 복원하는 산업으로만 이해했지만 오늘날에는 환경 오염을 예방하거나 대체 에너지를 활용하는 산업까지도 포괄하는 의미로 사용되기도 합니다.

장공부 그래도 환경 산업의 핵심은 환경 폐기물을 처리하거나 대기 및 수질 오염을 정화하는 산업 아닌가요?

도환경 맞습니다. 그리고 환경 산업이 발달하게 되면 경제 성장으로 인해 발생하는 환경 오염을 어느 정도 처리할 수 있게 되겠죠. 예전에 미국에서 식수 오염으로 인해 70명 정도가 사망하는 사건이 발생하자 이를 계기로 오염

토양오염 정화 시설

물질을 분리하는 분리막(membrane) 기술이 개발되었어요. 환경 오염의 피해가 커질수록 배출된 환경 오염 물질을 처리하는 산업이 발달하게 되는 거죠. 수질을 관리하고 정수 처리하는 기술, 대기 오염 물질의 농도를 낮추는 기술, 오염된 토양을 복원하는 기술, 폐기물을 재활용하는 기술 등은 환경 피해를 줄이는 동시에 새로운 부가가치를 낳는 원천이 될 수 있습니다. 환경 오염이 심각해질 경우 환경 피해 비용은 커지겠지만 환경 산업은 전도유망한 산업이 될 수 있겠죠.

진단순 그러면 환경 오염이 더욱 심각해져야 환경 산업도 발달하고 우리 경제도 좋아지는 거 아냐?

장공부 음……, 그건 아니지. 환경 오염이 적정 수준을 넘어 심각해지면 환경 피해로 인한 비용이 너무 커지게 되잖아. 이 경우에는 환경 산업은 발달할지 몰라도 사회 전체적으로 편익보다 비용이 커져 오히려 손해를 보는 거지.

진단순 아, 맞아! 그렇지.

경제 성장과 환경 보호가 동시에 가능한 사회는 어떤 모습일까?

환경 문제도 경제 성장의 틀 안에서 다루어져야 한다

장공부 이제 경제학에서 화석 연료나 환경 오염에 대해 어떤 입장을 취하는지를 알 수 있을 거 같아요. 결국 환경 문제로 인해 발생하는 여러 가지 비용과 편익을 계산해 비용보다 편익을 크게 하는 방향으로 환경 문제에 대처하자는 거죠.

사회샘

그렇지. 환경 문제 자체를 최소화하기보다는 환경 문제를 최적 수준으로 유지하자는 게 핵심이라고 할 수 있어요. 그래서 사회 전체적으로 환경으로부터 입는 피해나 비용보다 얻는 이익이나 편익을 크게 하자는 거죠.

모의심

그런데 경제학에서는 환경을 좀 파괴해서라도 물질적 이익이나 혜택을 크게 하면 좋다고 보는 것 같은데요. 물질적 혜택을 줄이고 경제 성장 수준을 낮추는 대신에 보다 깨끗한 환경에서 사는 게 더 낫지 않나요?

사회샘 그렇게 볼 수도 있을 것 같아요. 어떤 것에 더 가치를 두느냐에 따라 선택이 달라질 것 같은데……. 하지만 지금까지 자본주의 경제는 물질적 이익 추구와 경제 성장을 핵심적인 동력으로 삼아 작동해 왔기 때문에 물질적 성장을 포기하는 게 생각보다 간단한 문제는 아닌 것 같아요. 도환경 님을 모시고 그에 관한 이야기를 다시 들어 볼까요?

도환경 음……. 모의심 학생의 문제 제기는 충분히 이해가 돼요. 하지만 이게 개인적으로 삶의 방식을 선택하는 문제가 아니라서 좀 더 큰 관점으로 볼 필요가 있어요. 한 나라가 자본주의 경제 체제를 유지하기 위해서는 지속적인 경제 성장이 필요하죠. 다시 말해, 전체 소득이 지속적으로 증가해야 한다는 겁니다. 국가 전체의 소득이 정체되거나 줄어든다는 것은 경기가 침체되고 일자리가 감소하는 것을 의미하거든요. 이건 단순한 경제적 문제가 아니라 심각한 사회적, 정치적 불안정을 초래하죠.

진단순

무슨 말인지 모르겠어요. 국가 전체의 소득이 줄어드는 게 왜 그렇게 큰 문제에요? 의심이 말대로 조금 덜 쓰고 깨끗한 환경에서 살면 되는 거 아닌가요?

모의심 맞아요, 국가 전체의 소득이 지속적으로 증가하지 않으면, 다시 말해 경제 성장이 정체되면 왜 문제가 되는지는 좀 더 설명을 해 주셔야 할 것 같은데요.

도환경 음……, 경제 성장이 꼭 필요한 이유를 간단한 수식으로 설명해 볼게요. 경제 성장이 한 나라의 총소득이 증가하는 것이라면 총 소득은 다음과 같은 공식으로 나타낼 수 있어요.

총소득(Y) = 노동 생산성(PL) × 노동(L)

이 생산함수의 기본 가정은 노동 생산성(PL)이 자본, 기술 효율성, 자원 투입의 효과를 모두 포함하고 있다는 겁니다. 그러면 노동생산성(PL)은 시간당 노동(L) 투입으로 만들어낼 수 있는 평균 소득이 되겠죠. 만약 노동의 투입이 일정하다면, 경제 성장은 정확히 노동 생산성의 증가에 의해 좌우되겠죠. 하지만 과거에 비해 점점 더 기술이 발달하고 기술 효율성이 높아지는 건 막을 수 없어요. 그래서 노동 생산성이 계속 증가할 수밖에 없는데 만약 총소득이 증가하지 않고 안정화된다고 해 보세요. 어떤 일이 발생할까요?

장공부 기술 발달로 노동생산성은 계속 증가하니까 결국 총소득을 일정하게 유지하거나 줄이기 위해서는 노동(L) 투입을 줄여야겠죠.

도환경 맞습니다. 국가 전체 차원에서 노동 투입을 줄이는 건 일자리가 줄고 실업이 느는 것을 의미하죠. 그리고 국가 전체의 소득이 정체되어 실업이 늘면 투자도 줄면서 경제는 침체에 빠지죠. 이로 인해 세금 확보가 어려워지고 국가의 복지 부담은 커지면서 가계 부채뿐만 아니라 국가 부채도 늘게 됩니다. 결국 경제 성장이 지속되지 않으면 경제가 침체될 뿐만 아니라 사회적 불만도 커지고 정치 체제도 불안정해질 가능성이 커지게 되죠.

친환경적인 경제 성장이 가능한가?

사회샘

경제 성장이 지속되어야 보다 풍요롭고 안정된 사회가 될 수 있다는 의견에는 어느 정도 동의합니다. 그러나 경제 성장으로 상품 생산과 소비가 증가하면 환경 오염이나 지구 온난화 문제가 더욱 심각해질 것이 분명한데요. 이에 대한 해법은 있으신가요?

도환경 친환경적인 성장을 해 나갈 방법을 찾아야겠죠. 국가적 차원에서 친환경적인 경제 목표를 제시하고 친환경적인 투자를 유도하는 방향으로 경제를 성장시켜야 합니다. 예를 들어, 경기 부양 자금을 새로운 도로 건설에 쓰기보다는 저탄소 차량을 개발하거나 상용화하는 데 쓰자는 거죠.

장공부 좋은 아이디어 같은데요. 국가적 차원에서 친환경적인 성장 전략을 잘 짜고 이를 실행에 옮기면 환경 오염을 줄일 뿐만 아니라 더 많은 일자리를 창출하고 경제 성장도 지속할 수 있을 것 같아요.

모의심 그래도 경제 성장을 지속하면 상품 소비가 늘어 자원 소비량이 계속 증가할 수밖에 없을 거 같은데요. 어쨌든 자원소비량이 절대적으로 증가하는 한 폐기물도 많이 생기고 탄소 배출량도 느는 것 아닌가요?

도환경 경제 성장이 자원 소비량을 늘려 환경 오염을 유발한다는 점은 저도 인정합니다. 그러나 **정부가 적절하게 환경 규제를 하고 환경 산업이 발달하게 되면 환경 오염을 적정 수준에서 관리**하는 것이 충분히 가능할 거라고 봐요.

모의심

제 생각에는 환경 산업에만 의존해서는 친환경적인 경제 성장을 하기 힘들 거 같은데요. 일단 오염 물질을 정화, 관리하는 환경 산업이 경제 성장으로 인해 발생하는 자원 고갈 문제를 해결해 줄 수 없을 거 같아요. 그리고 경제 성장 속도가 빨라지면 환경 산업이 감당할 수 없을 정도의 폐기물이나 오염 물질이 나올 텐데, 이런 경우 친환경적인 경제 성장은 힘들지 않나요?

진단순

맞아, 그거 완전 소 잃고 외양간 고치는 격 아니에요? 오염 물질이 안 나오게 미리미리 예방해야지, 이미 많이 나오고 나면 어떻게 친환경이 된다는 거예요?

도환경 맞는 말이에요. 환경 산업만으로는 친환경적인 성장에 한계가 있을 수 있어요. 그래서 아까 환경에 대한 정부의 적절한 규제가 필요하다고 한 겁니다. 그리고 그것만으로도 부족할 수 있기 때문에, 국가적 차원에서 화석 연료 사용을 줄이고 자원을 적정 수준으로 관리할 필요가 있어요. 좀 더 나아가면, 대체 에너지 산업에 정부 지출을 늘리고 투자를 유도하는 정책을 실시해야 하구요.

모의심 글쎄요. 말씀하신 친환경적 경제 성장의 그림이 구체적으로 그려지지 않네요.

도환경 그럼 국가적 차원에서 친환경적 경제 성장을 어떻게 관리, 기획할 수 있는지, 그리고 어떤 사회 체제가 뒷받침되어야 하는지 본격적으로 이야기해 볼까요?

친환경적 경제 성장을 위한 사회 구조는?

모의심

솔직히, 경제학에서 말하는 친환경적인 경제 성장이 정말 가능한지는 여전히 의문이에요. 그래도 혹시나, 그런 경제 성장이 가능하다고 한다면 어떤 사회 체제하에서 가능한 건가요?

진단순 예전에 수업 시간에 들었는데, 경제가 잘 되려면 '보이는 손'에 맡겨 두면 된다고 했어. 뭐라더라? 그냥 시장에 맡기면 수요와 공급이 알아서 조절되고 경제가 잘 돌아간다고 하던데.

장공부 '보이는 손'이 아니라 '**보이지 않는 손**'이겠지. 정부가 개입하거나 간섭하지 말고 시장 가격이라는 보이지 않는 손에 맡기면 된다는 거야. 예를 들어, 쌀의 시장 가격이 지나치게 비싸면 쌀의 공급량이 수요량에 비해 많아지게 되고 이로 인해 쌀 공급자들이 서로 가격을 낮추는 경쟁을 하게 되지. 이로 인해 쌀 가격은 하락해 결국 공급량과 수요량이 일치하는 지점으로 가격이 형성된다는 거야. 적정 가격에서 쌀이 거래되면 쌀이 너무 많이 생산되어 낭비되거나 너무 적게 생산되어 모자라지 않게 되겠지. 이처럼 시장의 가격 원리에 맡겨 두면 여러 상품들이 결국 적정 가격에 거래되어 쓸데없이 낭비되거나 모자라는 상품이 없게 되고 자원이 최적 상태로 배분된다는 거지. 단순이 네가 말하는 보이지 않는 손은 시장 가격 원리를 말해. 기본적으로 정부나 국가 개입이 없더라도 자원을 가장 효율적으로 배분해 주는 메커니즘이라고 볼 수 있지.

진단순 와, 진짜 똑똑하다. 공부야, 너 진짜 공부 많이 했구나?

모의심 
하지만 시장 경제 원리로 환경 문제를 해결하는 데에는 한계가 있지 않나? 기억 안나? 우리 '보이지 않는 손'에 대해서만 배운 게 아니라 '시장 실패'에 대해서도 배웠잖아. 많은 기업들이 자신이 유발한 환경 오염에 대해 충분한 대가를 치르지 않고 있고, 그래서 오염은 더 증가되고…….

사회샘 의심이가 잘 기억하고 있네요. 기본적으로 환경 오염은 시장 바깥에서 일어나는 외부 효과에 해당해요. 한마디로 환경 오염 피해는 시장 가격에 의해 거래되지 않는다는 겁니다. 예를 들어, 화석 연료는 시장 가격으로 매겨져 공급량이 조절되지만 화석 연료로 인한 온실 가스는 시장 가격으로 매겨지지 않기 때문에 배출량이 조절되지 않는 거죠.

진단순 하지만 회사 사장님이라고 해서 일부러 환경을 오염시키는 건 아니니까 어쩔 수 없는 거 아닌가요?

사회샘 물론 화석 연료를 판매하거나 소비한 사람들이 온실가스 유발이나 지구 온난화를 의도하지는 않았겠죠. 그들은 단지 적절한 가격으로 에너지를 판매, 사용했을 뿐일 거예요. 하지만 어쨌거나 그 결과 온실 가스는 시장 가격을 통해 조절, 통제되지 않은 채 마구 배출되었고 환경 문제가 더욱 심각해지게 된 것도 사실인 거죠.

장공부 
음……, 결국 환경 문제를 해결하기 위해서는 시장 경제의 한계를 보완해야 한다는 말씀이시네요. 그럼 정부 주도형 계획 경제가 적합할까요? 그것도 좀 아닌 것 같은데.

사회샘 이쯤에서 도환경 님을 다시 모셔 오는 게 좋겠네요. 친환경적인 성장을 지속하기 위해 필요한 경제와 사회 체제에 대해 설명해 주실 테니까요.

도환경 네, 약간의 이견이 있긴 하겠지만 환경을 적정 수준으로 관리하는 것과 경제 성장을 지속하는 것 모두 중요하다는 점은 다들 공감했으리라 생각합니다. 이제 문제는 그런 친환경적인 성장이 어떻게 가능한가 하는 것으로 옮겨 갔네요.

편의상 환경 보호와 경제 성장, 양자를 구분해서 이야기해 보죠. 우선 환경을 적정 수준으로 관리하기 위해서는 정부의 개입이 반드시 필요합니다. 아까 선생님도 말씀하셨던 것처럼 환경 오염은 기본적으로 시장 가격 기구에 맡겨 두는 것만으로 해결될 수 있는 문제가 아니기 때문이에요. 정부의 적절한 개입과 규제가 필수적이죠.

하지만 정부가 직접적으로 규제한다고 해결될 문제는 아닙니다. 예전에는 환경 오염에 대해 정부가 직접 규제하는 경우가 많았습니다. 정부가 오염 물질 배출 상한선을 정해 그것보다 많은 오염 물질을 배출하는 기업에 대해 영업 정지 등의 조치를 취하는 거죠. 그러나 그러한 기업을 단속하는 것도 쉽지 않고 기업 스스로 오염 물질을 줄이려는 적극적인 동기도 없었기 때문에 한계에 직면했죠. 그래서 근래에는 환경 오염이라는 외부효과를 내부화하는 방법을 많이 활용합니다. 다시 말하면 오염 물질 배출에 대해 가격을 매겨 오염 물질 배출 수준이 시장 내부에서 조정되도록 하는 거죠.

진단순

오염 물질이라는 외부 효과에 시장 가격을 매긴다? 오염 물질 배출 수준을 시장 내부에서 조정한다? 좀 더 쉽게 설명해 주시면 안 되나요?

도환경 시장 원리에 따라 오염 물질 배출을 적정 수준으로 조정하자는 건데……. 예를 들어 설명해 보겠습니다. 오염세 제도를 설명하면 이해하기 쉬울 것 같네요. **오염세는 단위당 오염 물질 배출에 대해 세금을 부과하는 제도**입니다. 만약 기업이 오염 물질 배출 정도에 비례해 세금을 내야 한다면 기업은 가능한 한 오염 물질 배출을 줄이려고 하겠죠. 물론 기업이 오염 물질을 아예 배출하지 않으면 오염세를 내지 않아서 좋겠지만 오염 물질 자체를 원천적으로 없애기 위해 막대한 기술적 비용을 치러야 합니다. 차라리 오염 물질을 조금 배출하고 그에 상응하는 세금을 내는 게 나은 거죠. 그렇다고 해서 오염 물질을 너무 많이 배출하면 세금을 너무 많이 내니까 기업에서도 조심하게 될 거예요. 그리고 정부는 기업들 전체의 오염 물질 배출 수준에 맞춰 오염세를 올리거나 내리면 되는 거죠.

오염세↑ → 오염 물질 배출 수준↓
오염세↓ → 오염 물질 배출 수준↑

장공부

아하! 여기서도 경제학의 비용과 편익 계산이 적용되는 군요. 환경 오염으로 인한 사회 전체의 이익보다 피해가 크면, 정부가 오염세를 올려 전체 오염 물질 배출 수준을 줄일 수 있으니까.

모의심

그럼 반대로 피해 정도가 크지 않으면 오염세를 낮춰 오염 물질 배출 수준을 올리면 되는 거야? 난 아무리 그래도 오염 물질 배출 수준을 올릴 수 있게 하는 건 이상해.

사회샘

의심이가 '환경' 그 자체에 근본적으로 가치를 두고 있어서 그런 의문이 드는 걸 수도 있어요.

진단순 선생님, 저는 도대체 무슨 말인지 잘 모르겠어요. 어떤 점에서 오염세가 시장 원리를 적용한 제도라는 거죠? 여기에서 시장 가격에 해당하는 건 뭔가요?

도환경 정부가 정한 오염세 금액이 시장 가격의 역할을 해요. 각 기업은 오염세 금액 수준에 따라 최적의 오염 물질 배출 수준을 정하겠죠. 그래서 오염세가 높으면 오염 물질 배출을 줄이고 오염세가 낮으면 배출 수준을 높이는 겁니다. 마치 시장 가격에 따라 제품 생산량을 정하듯이 말이죠. 그리고 **배출권 거래제, 보조금 제도**도 오염세 제도와 마찬가지로 시장 가격의 원리를 활용한 제도라고 볼 수 있어요. 이러한 제도 들은 모두 시장의 가격 원리를 적용해 환경을 보호, 규제하는 제도에 해당하죠.

장공부 결론적으로 환경을 보호하기 위해서는 자유방임 시장 경제 체제가 아니라 정부가 중앙에서 관리, 규제하는 시장 경제 체제가 필요하다는 말이네요.

도환경 그렇습니다.

배출권 거래제

정부가 환경을 고려해 전체 오염 물질 배출 수준을 정하고 각 기업에 일정한 오염 물질 배출권을 할당하는 제도로서, 기업은 오염 물질 배출 수준에 맞춰 시장에서 배출권을 사거나 팔 수 있다.

보조금 제도

오염 물질 삭감이나 친환경제품 생산에 대해 정부가 보조금을 제공하는 제도로서 각 기업은 보조금 수준에 맞춰 오염 물질 삭감량이나 친환경제품 생산량을 조정한다.

3장

장공부 환경 보호를 위해 정부의 전반적인 관리나 규제가 필요하다는 건 이해하겠는데요. 이러한 관리나 규제가 지속적인 경제 성장에는 오히려 방해가 되는 거 아닌가요? 성장은 간섭하지 않고 서로 자유롭게 경쟁하게 해야 잘 될 것 같은데…….

도환경 네, 좋은 질문입니다. 특히, 요새처럼 경기 침체가 지속되는 상황에서 정부가 어떻게 대응해야 하는가는 굉장히 중요한 문제죠. 경제학자들도 경제 성장을 다시 촉진해야 한다는 점에 대해서는 대체로 동의하지만 그 방식에 대해서는 제각각이에요. 어떤 경제학자들은 정부가 개입하지 말고 부양책도 쓰지 말아야 한다고 주장합니다. 그냥 내버려 두고 시장 원리에 맡기면 경제는 스스로 회복이 된다는 거죠. 경기 침체기라 실업이 증가하겠지만 그에 따라 임금이 하락하면서 상품 생산 비용이 낮아질 거고, 그 결과 상품의 가격이 낮아지면 소비가 증진되고 일자리도 창출된다는 거죠.

모의심 하지만 경제 상황이 좋아질 때까지 시간이 얼마나 걸릴지 모르고 그동안 일자리를 잃은 사람들이 겪어야 할 고통이 너무 크지 않을까요?

도환경 맞습니다. 경제가 회복되는 과정에 지나치게 많은 시간과 고통이 수반된다는 점에서 그리 바람직한 대응 방식이 아닐 수 있습니다. 그래서 반대의 주장을 하는 경제학자들이 있죠. 그중에서도, 정부가 막대한 투자와 지출을 해 공공부문의 일자리를 창출하고 경제 성장을 이끌어야 한다는 주장이 지금 시점에서 적절한 것 같아요.

장공부 혹시 1930년대 대공황기에 시행되었던 **뉴딜 정책** 비슷한 걸 말씀하시는 건가요?

도환경

네, 맞아요. 정부가 대규모 투자와 지출을 통해 시장 경제를 다시 활성화시키자는 거죠. 특히 오늘날에는 친환경적인 경제 성장이 필요하니까 일종의 녹색 뉴딜 정책을 하자는 겁니다.

이미 국제적 차원에서도 친환경적인 '녹색' 경기 부양을 하자는 주장에 대해 상당한 정도의 합의가 형성되었습니다. 일단, 이러한 경기 부양을 위해서는 정부의 중앙 집권적인 계획과 투자가 필요해요. 물론 비용도 많이 들 겁니다. 하지만 그 결과 얻게 되는 효과가 이를 상쇄해 줄 수 있을 거예요. 메사추세츠 대학교 연구소에 따르면 건물 개량, 지능형 전력망, 풍력, 태양력, 차세대 바이오 연료 등에 1천억 달러를 지출하면 2년 동안 200만 개의 새로운 일자리가 창출될 거라고 하니까요.

반면에 같은 규모의 자금을 가계지출에 투입하면 170만 개의 일자리, 석유산업에 투입하면 60만 개 정도의 일자리를 만들 수 있다고 추정해요. 이

루스벨트 대통령은 대공황으로 실업자가 늘어나고 물가가 상승하자 이를 극복하기 위해 건설 사업을 중심으로 한 뉴딜(New Deal) 정책을 실시하였다.

렇게 대규모의 지출과 투자를 기획해서 친환경적인 경제 성장을 이끌 수 있는 강력한 주체는 사실상 정부밖에 없죠.

모의심 

결국 친환경적인 경제 성장을 지속하기 위해서는 정부의 관리와 계획으로 이끌어가는 시장 경제 체제가 뒷받침이 되어야 한다는 말씀이군요. 근데 마지막으로 궁금한 게 하나 더 있는데요. 말씀하신 경제 체제에 맞는 사회는 모든 지역이 중앙집권적으로 관리되는 거대 사회처럼 느껴지는데, 맞나요?

도환경 그럴 거 같네요. 아무래도 지속적인 성장을 위해서는 **규모의 경제**를 유지하고 그러한 경제를 중앙에서 적절하게 관리하는 게 필요하니까요.

진단순 규모의 경제? 그게 뭔데요?

장공부 생산 규모를 크게 해서 관리, 경영하는 게 이익이 된다는 거지.

도환경 쉽게 이야기해서 **생산 규모를 확대하면 비용을 절감할 수 있어 이익이 된다**는 거죠. 예를 들어, 공장 설비에 100억이 들었는데 스마트폰을 단 1개만 만든다면 무려 100억이라는 비용을 들여 스마트폰 1개를 만든 셈이죠. 그러므로 생산량을 더 늘려 스마트폰 개당 들어가는 평균비용을 줄이는 것이 효율적입니다. 그리고 대규모 생산을 하면 할수록 재료나 부품도 도매가로 구입할 수 있기 때문에 비용 절감 효과도 커지겠죠.

장공부 

개별 기업은 큰 규모를 유지하는 게 유리할 것 같아요. 그런데 국가 경제도 큰 규모로 유지, 관리하는 게 유리한가요?

진단순

너도 참~ 단순하게 생각해 봐. 사람들이 서로 멀리 떨어져서 따로 놀면 통제가 안 되잖아. 한 군데에 모아놓고 관리하는 게 더 효율적이지!

장공부 

무슨 말이야? 기업과 소비자를 한 군데 모아 놓고 대규모로 생산하고 소비하게 하는 게 낫다는 거야?

진단순 나도 잘은 모르겠고……. 그냥 큰 규모로 모아 놓고 관리하면 더 나을 것 같아서 한 말이야.

도환경 단순이 학생이 정확히 모르고 이야기한 것 같긴 하지만, 그래도 어느 정도 일리가 있는 말입니다. 경제학에서는 이걸 '**집적 이익**'이라고 하죠. 규모의 경제에서 보았듯이 대공장에서 대량 생산을 하거나 대형 마트에서 대량 판매를 하면 비용을 낮출 수 있어서 이익이 커지죠. 근데 그 지역에 사람들이 별로 없고 인구와 산업이 멀리 떨어져 분산되어 있다고 생각해 봐요. 대량 생산되거나 판매되는 상품이 판매되지 않고 남아돌겠죠? 그리고 도로망이나 편의 시설이 여기저기 분산되어 낭비도 커질 거구요. 그래서 인구와 산업을 대규모로 모아 놓고 생산, 판매, 소비하는 게 효율적인 경우가 많은 게 사실이에요.

장공부 음……, 그럼 당연히 큰 규모의 인구와 산업이 함께 모여 있으니까 국가가 이를 체계적으로 관리해야겠군요.

도환경 그렇죠! 규모의 경제를 유지하고 집적이익을 크게 해서, 효율성을 높이면 경제 성장에 유리해지겠죠? 그리고 이러한 경제 성장을 친환경적인 방향으로 지속시키기 위해서는 정부가 대규모 경제를 중앙에서 기획, 관리해야 하구요. 이를 통해 정부는 보다 친환경적인 방식으로 더 많은 재화와 서비스가 생산, 소비되도록 이끄는 거죠.

환경 보호를 위해 물질적 풍요를 포기해야만 할까?

시장 경제와 물질적 풍요를 포기할 수 없다

모의심 아직 제가 아까부터 가지고 있던 고민은 해결이 안 된 것 같은데요. 물론 사회 체제가 불안정해질 정도까지 실업자가 많아지면 안 되겠지만요.

경제적 수준이 상당히 발전했으니 물질적인 편의나 만족감을 줄이더라도 깨끗하고 쾌적한 환경에서 살아가는 방식을 택하는 게 더 낫지 않은가요? 왜 주류 경제학에서는 지속적인 성장만이 살 길이고, 환경 보호도 그 틀 내에서 이루어져야 한다고 보는 건지 명확하게 이해가 되지 않아요.

사회샘

음……, 의심이는 물질적 욕심을 좀 줄이자는 쪽인 것 같은데. 다른 친구들은 이에 대해 어떻게 생각하나요?

진단순

저는 싫어요. 전 돈 많이 벌고 더 많이 쓰면서 편하게, 하고 싶은 거 다 하면서 살고 싶단 말이에요.

장공부 음……, 뭐 저도 개인적으로 편하게 살고 싶기도 하고, 또 국민 소득이 낮은 나라에서는 당장 의식주가 해결이 안 되거나 기본적인 교육 시설을 갖추지 못한 경우가 많잖아요. 결국 경제 성장을 통해 국민 소득 수준을 높여야 보다 풍요로운 삶을 살 수 있는 거 아닌가요?

모의심 아, 물론 나도 그 정도 기본적인 수준은 달성되어야 한다고 생각해. 하지만 어느 정도를 넘어가면 국민 소득 향상이 삶의 질 향상이나 행복감의 증가로 직결되는 건 아니잖아. 환경이 파괴되고 범죄율이 높아져도 생산과 소비만 많이 하면 전체 국민 소득은 증가할 수 있으니까.

사회샘 음……, 두 사람 다 일리가 있어요. 그럼 이번에는 가치관 측면에서 물질적 풍요를 추구하는 것이 어떤 의미가 있는지 마지막으로 도환경 선생님을 모셔서 알아보도록 할까요?

도환경

의심이 학생은 물질적 풍요로움의 가치에 대해 조금 의문을 가지고 있는 것 같은데……. 저는 물질적 풍요가 인간 삶에서 가장 기본적이고 중요한 요소라고 생각해요.

진단순 저랑 생각이 비슷하시네요. 돈 걱정 없이 사는 게 제일 중요하죠. 암만 정신이 고고하면 뭘 해요? 먹고 사는 게 충족되지 않으면 모든 게 소용없는 거 같아요. 제가 원하는 물건들로 방을 가득 채울 때의 기쁨이란 이루 말할 수 없어요. 그깟 미세먼지 좀 마셔도 괜찮아요.

도환경 그런 점에서 자본주의 시장 경제는 인류 역사를 한 단계 도약시키는 역할을 했죠. 근대 이전만 하더라도 상품은 충분히 생산되지 못했을 뿐만 아니라 자유롭게 거래되지 못했으니까요.

모의심 근대 이전에도 상품이 거래되는 시장이 있었으니까 시장 경제라고 볼 수 있는 거 아닌가요?

도환경 물론 시장이 있긴 했지만, 모든 상품이 전면적으로 자유롭게 거래되는 시장 경제 체제는 아니었어요. 지금과 비교하면 노동과 토지는 아직 상품화되지 않았던 거죠. 그래서 노동자의 임금이나 토지는 수요 공급 법칙에 따라 정해지는 게 아니라 관습이나 관행에 따라 정해지는 경우가 많았죠. 하지만 자본주의 경제가 발달하면서 토지뿐만 아니라 인간의 노동마저도 시장에서 거래되고 가격이 매겨지는 상품이 되었죠. 그리고 18세기 후반 산업 혁명 이후 대량 생산과 대량 소비가 가능해지면서 예전과는 비교할 수 없는 물질적 풍요를 누리게 되고, 모든 상품을 자유롭게 거래할 수 있는 시장 경제가 정착하게 된 겁니다.

모의심

물질적 풍요를 준 건 맞지만, 결국 시장 경제는 더 많은 상품 생산과 소비를 부추기면서 인간의 물질적 탐욕을 끊임없이 조장한다는 점에서 불행의 씨앗이기도 한 거 아닌가요?

도환경

그렇다고 볼 수 있겠죠. 하지만 물질적 탐욕을 꼭 부정적으로 바라볼 필요는 없을 것 같아요.

과거 물질적 탐욕을 나쁘게 생각한 적이 있었어요. 옛날에 아우구스티누스라는 한 신학자는 금전 소유욕, 권력욕, 색욕을 인간의 3대 죄악으로 간주하고, 그중에서도 특히 금전 소유욕을 억제해야 한다고 주장했어요. 물질적 소유에 집착하기보다는 사람들에게 베풀면서 사회적인 명성이나 권력을 얻는 게 차라리 더 낫다고 보았던 거죠.

장공부 그런데 자본주의 시장 경제는 기본적으로 금전 소유욕이라는 물질적 욕망에 기초한 경제 체제잖아요? 그럼 예전과 달리 물질적 탐욕을 긍정적으로 바라보기 시작한 것도 근대 무렵인가요?

도환경 음……, 역사적으로 살펴보면, 종교 개혁 이후에 물질적 이익과 부를 추구하는 것에 대한 부정적 시각이 많이 사라지게 되었어요. 정당하게 돈벌이를 해서 부를 축적하는 것을 더 이상 죄악으로 간주하지 않게 된 거죠. 오히려, 부의 축적과 같은 경제적 성공이 신의 은총과 축복의 결과라고 믿고, 물질적 부를 축적하려는 열망이 다른 사악한 열정을 막아 준다고까지 믿는 사람들이 늘어났으니까요.

장공부 들어 본 거 같아요. 열심히 일해서 부자가 되는 거니까, 그걸 오히려 좋게 본다는 거요.

도환경 돈벌이에 대한 욕망은 철저한 이성적 계산이 뒷받침되어야 실현 가능하죠. 돈을 벌고자 하는 욕망은 다른 열정처럼 변덕스럽고 폭력적이지 않고 안정적이거든요. 그래서 어떤 이는 이런 말도 했죠. "귀족은 열정적 유희나 야만적 약탈에 의해 지배되지만 부르주아는 부드럽고 해가 되지 않는 이해관계에 의해 지배된다."

모의심

돈을 벌려는 욕구가 이성적이고 계산적인 건 맞지만, 폭력적이지 않은 건 아닌 것 같아요. 오히려 더 큰 폭력과 약탈을 낳지 않나요?

도환경 그런 면도 있긴 하죠. 하지만 여기에선 일단 그 시기에 사람들이 예전처럼 돈벌이 욕망을 부정적으로 보지 않기 시작했다는 점에만 주목합시다. 이런 식으로 물질적 탐욕은 자본주의 시장 경제가 형성, 확립되는 과정에서 점차 정당화되는 동시에 강화되었어요. 그 결과 오늘날 자본주의 사회에서는 돈벌이 욕망이나 소비 욕망을 긍정적으로 바라보는 문화가 어느 정도 정착되었다고 볼 수 있죠.

장공부

자본주의 경제의 발달과 더불어 돈과 물질에 대한 태도가 어떻게 바뀌게 되었는지는 잘 이해했어요. 근데 오늘날 사회에서 물질적 풍요를 추구하는 욕망은 어떤 점에서 긍정적인 의미를 지닐 수 있을까요? 우리 모두 부자가 되고 싶어 하지만, 부자를 꼭 좋게 보는 건 아닌 것 같아서요.

도환경 그래도 공부 학생은 솔직하네요. 소수의 사람들을 제외한 대부분의 사람들은 물질적 탐욕에서 자유롭지 못해요. 하지만 아이러니하게도, 그와 동시에 돈벌이 욕망이나 소비 욕망을 천박하고 이기적인 욕망으로 취급하는 사람들이 많죠. 하지만 저는 꼭 이렇게 볼 문제가 아니라고 생각해요.

오늘날 자본주의 사회에서 자신의 소비상품은 자신을 구성하는 동시에 자신의 능력을 향상시키는 요소가 됩니다. 우리가 사서 소비하는 상품은 단순한 물건이 아니에요. 아까 단순이 학생이 방 안에 원하는 물건을 채워 놓고 기쁨을 느낀다고 했죠? 그것처럼 우리가 소비하는 물건들은 내 자아의 일부분으로서 쉽게 포기할 수 없는 것들이에요. 다들 한 가지 정도는 자신이 소중하게 여기는 물건들이 있지 않나요? 마치 자기 분신인 것 같거나, 혼이 담긴 것 같은…….

진단순 우리 아빠한테는 자동차가 그런 것 같아요.

도환경 네, 사람마다 다르지만, 누구나 그런 게 있을 거예요. 내 집, 내 자동차, 내 책 등은 나의 일부분이기 때문에 그것들이 사라질 때 심한 상실감을 느끼게 됩니다. 동시에 이런 상품들은 내 능력을 향상시키기도 합니다. 사람들은 그 사람이 가지고 있는 소유물로 그 사람의 능력을 평가하는 경향이 있죠. 이것이 꼭 옳다고 말할 수는 없지만, 실제로 그런 경향이 있는 건 사실이니까요. 만약 능력을 인정받고 싶어 한다면 자신의 소유물을 계속 업그레이드시켜 상승된 위치와 지위를 보여 줄 필요가 있죠.

진단순 맞아요. 저도 신상품을 사면 뭔가 이루었다는 성취감이나 행복감을 느껴요. 그리고 나중에 기회가 되면 저를 더 업그레이드시키기 위해 명품도 사고 성형 수술도 할 거 같아요. 그걸 자꾸 쇼핑 중독이라고, 외모 지상주의라고 몰아붙이는 태도가 오히려 문제 아닌가요?

모의심

신상품을 더 팔거나 소비해서 생기는 부작용을 너무 간과하는 것 아닌가요? 일단 개인적 차원에서 볼 때, 그렇게 얻은 행복이 진짜 행복이 아닐 수도 있잖아요. 제 경우는 맘껏 소비할 때의 행복감은 잠깐이고, 그 뒤에 오는 허탈감이 너무 컸던 것 같아요.

그 허탈감을 채우기 위해 계속 소비에 집착하게 되고 결국 물질과 소비 욕망의 노예가 될 수도 있지 않아요? 그리고 사회적 차원에서 볼 때에도 신상품이 더 많이 생산, 소비되는 과정에서 환경 오염이나 지구 온난화가 더 심각해질 거 같구요.

물질적 풍요 속에서 적절한 수준으로 환경을 보호할 수 있다

사회샘 이쯤에서 다시 환경 문제로 돌아가 봐야 할 것 같은데……. 경제 성장이 지속되면서 더 많은 상품을 생산, 소비하면 분명 환경이 파괴될 가능성은 커질 거예요. 하지만 도환경 님은 물질적 풍요와 환경 보호가 조화를 이룰 수 있다고 주장하시니까, 도대체 그게 어떻게 가능한지 마지막으로 여쭤 보고 싶어요.

도환경 먼저 한 가지 확실히 하자면, 저는 환경주의자가 아닙니다. 다만 경제학적 관점에서도 환경 문제를 고려해야 한다고 보는 거죠. 앞에서도 말했듯이, 환경이 심각하게 파괴되면 우리가 사회적, 경제적으로 치러야 할 비용이 너무 커지게 됩니다. 제 이야기를 한마디로 요약하면 환경이 그 자체로 보호할 가치가 있다는 게 아니라 환경이 지닌 경제적 가치를 계산해야 한다는 겁니다.

모의심 결국 환경은 인간이 더 많은 물질적 이익을 얻기 위한 수단이 되기 때문에 가치가 있다는 말씀이군요.

도환경

네, 그렇습니다. 경제학에서는 인간이 물질적으로 풍요롭고 안정된 생활을 누리게 하는 것을 목표로 삼고 있습니다. 하지만 환경을 심각하게 파괴할 경우 인간이 누리는 편익보다 치러야 하는 비용이 더 커져 물질적, 경제적 손실이 커지게 되죠. 그러니까 환경 문제를 적정 수준으로 유지, 관리해 보다 큰 물질적 혜택을 누리게 하자는 거죠.

장공부 지금 하신 말씀은 장기적인 관점에서 볼 때 환경을 적정 수준으로 보전해야 이익이 된다는 말인가요?

도환경 단기적인 관점과 장기적인 관점 모두에 해당합니다. 예를 들어, 어떤 기업이 폐수를 방류해 상수원이 오염될 경우 당장 사회 전체적으로 큰 비용과

3 장

손실이 발생하게 됩니다. 이 경우는 단기적인 관점에서도 환경 규제가 필요한 경우가 되겠죠. 반면에 장기적인 관점에서 친환경적인 조치가 필요한 경우도 있습니다. 예를 들어, 농사지을 때 농약이나 화학비료를 많이 쓰면 단기적으로 생산성이 높아질 수 있지만 장기적으로 토지를 황폐화시켜 생산성을 떨어뜨릴 수 있습니다. 그리고 저렴한 화석 연료를 많이 쓰면 단기적으로 이익이 되지만 장기적으로는 미세먼지나 지구 온난화로 인한 피해가 더 커질 수도 있죠. 오염 유발 물질을 너무 많이 사용해 장기적인 피해를 유발하는 것도 비효율적이지만 지나치게 제한하는 것 또한 비효율적입니다.

모의심

오염 유발 물질을 제한하는 것도 비효율적이라구요? 그럼 농약이나 화석 연료 같은 오염 유발 물질을 적당히 쓰라는 말씀이신가요?

도환경 네, 그렇습니다. 예를 들어, 어떤 기업이 에너지 효율을 높여 화석 연료를 적게 사용하는 제품을 생산하면 생산 비용을 낮출 수 있게 됩니다. 그리고 기업 이미지도 제고해 제품 판매에 도움이 되겠죠. 그리고 장기적으로나 사회 전체적으로도 환경 피해를 줄이는 데 기여하겠죠. 그렇다고 해서 지금 당장 화석 연료를 사용하지 않은 제품, 예를 들어 전기차를 양산한다면 친환경적인 것처럼 보일지 몰라도 엄청난 비효율이 발생할 수 있습니다. 전기차 배터리를 생산하는 데 전력 소모량이 엄청나기 때문이죠. 이처럼 과도하게 친환경을 지향하는 제품은 사실상 개별 기업이나 사회 전체 입장에서 비효율적이거나 반환경적인 경우가 많죠.

진단순 헉, 그러면 소비자도 유기농과 같이 100% 환경 친화적인 제품을 소비하면 안 되나요?

도환경

물론 유기농 제품을 소비하면 장기적으로 소비자의 건강에도, 토양 오염을 방지하는 데도 도움이 될 수도 있죠. 그러나 사회 전체로 놓고 볼 때 그렇게 효율적인 대안이 아닐 수도 있습니다.

전혀 농약을 쓰지 않고 생산된 유기농 식품은 일반 농식품에 비해 생산성이 매우 떨어집니다. 그래서 유기농 제품을 대량으로 생산하는 것은 매우 비효율적인 선택일 수 있습니다. 심지어는 환경에도 도움이 안 될 수 있습니다. 유기농 제품은 생산성이 낮아서 더 많은 농지를 필요로 합니다. 만약 이로 인해 숲을 벌목하게 되면 오히려 환경 파괴적인 결과를 초래할 수도 있습니다.

진단순

음. 그러면 지나치게 농약을 많이 쓴 제품도 아니고 유기농 제품도 아니고……. 그러면 적당한 수준의 저농약 제품을 생산하고 소비해야 하는 건가요?

사회샘 단순이는 조금 혼란스러운 점이 있나본데, 일단 도환경 님은 이쯤에서 보내드리고 오늘 수업 내용을 정리해야 할 것 같아요. 경제학 관점에서 환경 문제를 어떻게 이해하는지가 이제 분명해진 것 같은데, 공부가 이제까지의 논의된 내용을 정리해 줄래요?

장공부

네. 경제학적 관점에서는 인간이 물질적으로 풍요로운 삶을 지속적으로 누리는 게 중요하며 생태계와 자연은 이러한 목적을 달성하기 위해 필요한 도구라고 보고 있어요. 만약 생태계가 심각하게 파괴되면 필요한 자원과 상품을 충분히 얻지 못하고 여러 가지 물질적인 피해를 입겠죠. 그러니까 정부는 환경 오염이나 자원 사용을 적정 수준으로 관리해서 자원을 효과적으로 이용할 수 있도록 해야 한다는 거예요. 그리고 기업과 소비자도 경제적 효율성에 근거한 친환경적 생산과 소비를 해야 하구요.

1. 환경 산업 시대의 직업 세계

(가) 시대 변화에 따른 직업의 변화

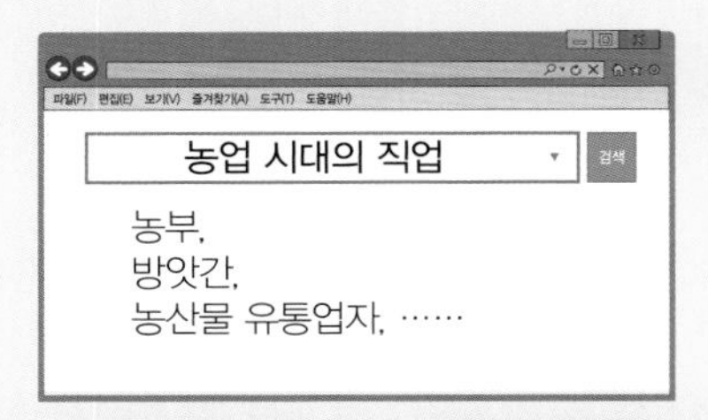

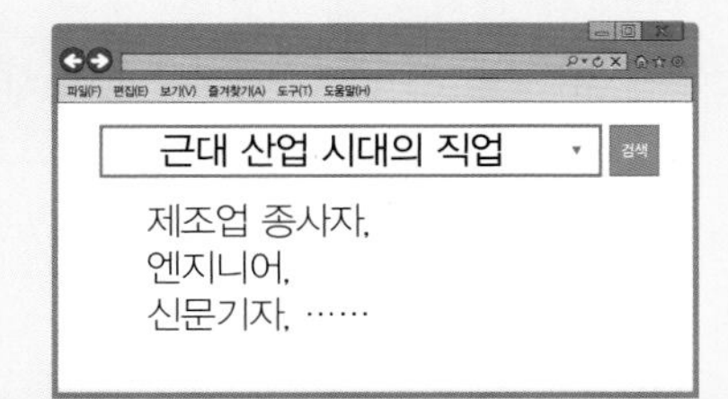

근대 산업 시대의 직업
검색
제조업 종사자,
엔지니어,
신문기자, ……

지식 정보 시대의 직업

검색

큐레이터
컴퓨터 보안전문가
음악 치료사, ……

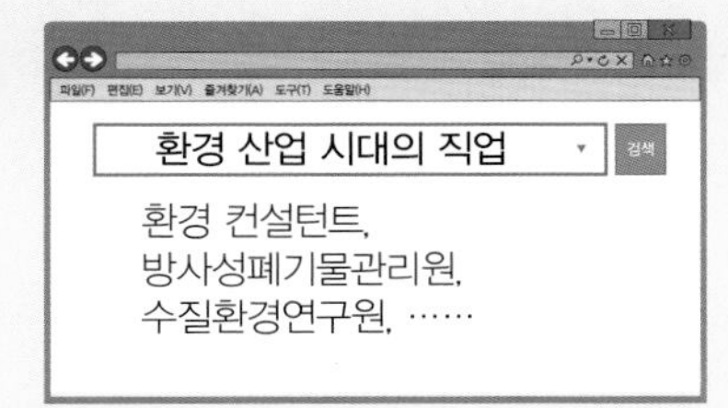

환경 산업 시대의 직업
검색
환경 컨설턴트,
방사성폐기물관리원,
수질환경연구원, ……

(나) 제품 환경 컨설턴트가 하는 일은 무엇일까?

제품 환경 컨설턴트가 하는 일이 무엇인지 궁금한데요. 구체적으로 어떤 일을 하시는지, 그리고 조금은 낯선 직업인데, 왜 이 일을 하기로 선택하신 건지 말씀해 주실 수 있나요?

네, 말 그대로 기업에서 만드는 각종 제품들이 환경에 끼치는 영향력을 평가하고, 조금 더 친환경적인 제품을 만들 수 있도록 기술이나 디자인 등의 면에서 아이디어를 제공하는 일을 해요. 저희는 제품 개발이나 생산뿐만 아니라 사용, 폐기까지 전 과정에 참여한다고 보시면 돼요. 제가 이 일을 하게 된 건 특별히 거창한 목적이 있어서가 아니라, 아토피로 고생하는 조카 때문이에요. 일반 소비자들에게도 환경과 관련해 더 많은 정보가 주어졌으면 좋겠다는 마음에서 시작했는데 좋은 일을 하고 있다는 생각이 들어서 만족스러워요.

1. 환경 산업 시대에 나타날 직업을 찾아서 검색해 보자.

3장

2. 환경 산업 시대의 유망 직업을 한 가지 선정하여 구체적으로 조사한 뒤, (나)와 같이 가상 인터뷰를 한다면, 어떤 것을 물어 보고 싶은지 질문지를 작성해 보자.

3. 2의 질문지를 바탕으로 인터뷰를 진행해 보자.

2. 도덕만으로 지구를 구할 수 없다!

종이컵 대신 텀블러를 사용하는가? 가급적 대중교통을 이용하려 애쓰는가? 샤워 시간은 짧은가? 분리수거에 철저한가? 안 쓰는 가전제품의 코드는 뽑아 놓는가? 음식을 잘 남기지 않는가? 엘리베이터 대신 계단을 이용하는가? 이 모든 질문에 그렇다고 답할 수 있다면, 당신은 정말 훌륭하다. 하지만 당신이 하는 노력을 지구가 충분히 알아주는 것은 아니다. 심지어 ㉠ 자연을 생각하는 삶이 거꾸로 자연을 파괴하는 경우도 있다. 많은 사람들이 로컬 푸드를 친환경적이라고 생각하지만 지역 온실에서 과일을 키우는 데 발생하는 탄소량이 자연적으로 키워진 과일을 멀리서 실어 올 때 발생하는 탄소량보다 더 많은 경우도 있다. 또 그린 에너지는 친환경적이라는 생각에 별생각 없이 전기를 더 많이 쓰는 일이 발생할 수도 있다. 무엇보다도 우리들 한 사람의 노력만으로는 지구가 바뀌지 않는다는 것이다.

환경 보호기금의 수석 경제학자인 거노트 와그너는 경제학자의 시각으로 환경 문제의 해결방안을 제시한다. 그는 인간이 돈 때문에 환경을 파괴하지만, 그렇기 때문에 동시에 환경을 보호하게 만들 수도 있는 가장 강력한 동기도 돈이라고 주장한다. ㉡ 환경 문제는 도덕만으로 해결할 수 없으며 적절한 인센티브와 환경 파괴에 대한 비용 부담, 즉 시장경제의 논리를 적용해야 해결된다는 것이다. 이는 환경 문제가 심각해진 것은 환경을 파괴함으로써 얻는 이익은 개인이 가져가고, 오염을 정화하기 위한 비용과 손해는 사회적으로 함께 부담했기 때문이라고 보는 입장이다. 저자는 경제학자 로널드 코스의 이론을 들어 ㉢ "오염 유발자에게 오염시킬 권리를 주고 돈을 내게 해 모든 사람이 더 깨끗한 공기를 마실 수 있게 하자."고 설명한다. 코스는 재산권만 명확하다면 오염 수준은 최적 수준에 이를 것이라고 생각했다.

1. 밑줄 친 ㉠에 해당하는 사례를 일상생활 속에서 찾아보자.

2. 밑줄 친 ㉡의 주장에 대한 자신의 생각을 적어 보자. 만약 저자의 주장에 동의한다면 추가적으로 필요한 것은 무엇인가?

3. 밑줄 친 ㉢과 같은 생각이 초래할 수 있는 문제점은 무엇인가?

04

생태주의자의 눈으로 본 화석 연료와 에너지 문제

"인간 중심적 관점에서 벗어나 자연과 조화를 이루어야 해요."

나의 살던 고향은 꽃 피는 산골?

장공부

얘들아, 조금 전 국어 시간에 배운 정지용 시인의 〈향수〉, 너무 아름답지 않니? 저절로 고향 생각이 날 것만 같아.

넓은 벌 동쪽 끝으로 옛이야기 지줄대는
실개천이 휘돌아 나가고
얼룩백이 황소가 해설피 금빛 게으른 울음을 우는 곳
그곳이 차마 꿈엔들 잊힐리야~

진단순

아름답네. 특히 '게으른 울음'이라는 표현이 마음에 들어.

모의심

응, 아름다운 시라는 건 동의하지만, 실개천이 흐르고, 파아란 하늘빛이 그립다고? 하늘에 성근 별이라니, 요즘 그런 고향이 어디 있어? 특히 도시에서 태어난 사람들에게 고향은 마스크 없인 숨 막히는 잿빛 하늘에, 밤하늘의 별을 보는 건 진짜 하늘의 별따기인 곳이지.

장공부 하긴, 나도 시가 아름답다는 생각은 했지만 생생하게 잘 와 닿지는 않더라. 우리가 나이가 들어서 고향에 대한 시를 쓴다면, 이런 시는 안 나오겠지? 선생님 세대는 달랐을까? 사회 시간에 선생님 고향은 어땠는지 여쭤보자!

환경 오염이 심하지 않던 때 볼 수 있던 밤하늘의 별들(출처 : 크리에이티브 커먼즈)

모의심 선생님도 우리보다야 낫겠지만, 그래도 산업화가 한참 진행된 후의 세대니까 별반 다르지 않을 것 같은데…….

진단순 난, 대찬성! 오, 장공부! 우리가 같은 생각을 하다니! 그러고 보니 선생님 고향은 대도시가 아니라고 하셨던 것 같아. 이참에 선생님의 고향 이야기로 수업 시간을 좀 줄여 볼까?

(사회샘 등장)

사회샘 의심이랑 단순이는 무슨 이야기를 그렇게 열심히 하고 있어? 너희는 언제나 시끌벅적 에너지가 넘치는구나. 제발 그 에너지를 수업 시간에도 이어가 주길 바란다.

진단순 선생님! 수업하기 전에 궁금한 게 있는데, 여쭤 봐도 괜찮죠? 선생님 고향은 대도시가 아니라고 하셨던 것 같은데, 고향이 어디세요?

사회샘 오늘도 수업과는 상관없는 질문인가요? 음……, 공부해야 할 내용이 많은데…….

장공부 사실, 앞 시간이 국어시간이었는데요. 정지용 시인의 〈향수〉라는 시에 대해 배웠거든요. 시는 아름답지만, 시에서 그리고 있는 고향의 모습이 저희가 듣기엔 너무 낯설고 상상이 잘 안 돼요. 그래서 선생님 어릴적 고향은 어땠나 궁금해서 여쭤보자고 했어요.

모의심 따지고 보면 수업 내용하고도 관련이 있어요. 더 이상 그런 고향을 그릴 수 없게 된 이유 중에는 환경 오염도 있지 않을까요?

사회샘 음……, 의심이 이야기를 듣고 보니 그것도 그럴듯한데? 좋아요, 마침 오늘 주제가 '생태주의'니까 자연과 더불어 살았던 옛 시절을 그리면서 시작하는 것도 괜찮을 것 같네요. 지지난주였나? 여러분이 밖에서 축구하고 싶다고 했는데, 미세먼지가 심해서 못 했던 적이 있었죠? 요즘은 황사나 미세먼지 때문에 야외 활동을 하기 어려운 날이 많지만 선생님이 어린 시절만 해도 겨울이 되면 눈을 퍼먹거나 처마에 매달린 고드름을 따먹는 게 하나의 재미였어요.

환경 오염이 심하지 않던 시절에는 처마에 달린 고드름을 따 먹거나 새하얀 눈을 먹기도 했다.

장공부 눈을 그냥 먹는다고요? 아니, 물이 없는 것도 아니고, 얼음이 없는 것도 아닌데……, 왜 더러운 눈을 먹어요?

사회샘 그땐 지금만큼 대기 오염이 심하지 않았으니까요. 그렇다고 특별히 맛이 있다거나 배가 고파서 먹었던 건 아니었어요. 친구들끼리 놀다가 재미삼아 맛보는 정도? 그리고 학교 오가는 길에 꽃잎이랑 풀 같은 것을 따서 먹기도 했었어요.

진단순 예? 꽃잎이랑 풀잎을 따먹었다구요? 그게 무슨 맛이 있어요?

사회샘 의외로 달짝지근한 맛이 있어서 눈이나 고드름 맛보다는 나아요, 하하. 아카시아 꽃은 생각만 해도 얼마나 향긋해요? 맛도 딱 그런 느낌이에요. 여러분 혹시 '삐미'라는 풀 알아요? 표준어로는 '띠'라고 해요. 벼처럼 생겼는데, 그 안에 하얀 솜털 같이 생긴 게 들어 있어요. 그걸 씹으면 단맛이 나요. 껌이 없었을 때 등하굣길에 친구들이랑 자주 씹어 먹었죠. 특별히 맛이 있는 건 아니었지만, 가끔 고향을 떠올리면 그 맛이 그리워지기도 해요.

장공부 요즘은 훨씬 더 맛있는 게 많잖아요. 그런데 별로 맛도 없었던 그 풀이 그리워요?

사회샘 맛 그 자체보다는 그 시절의 추억을 그리워하는 거겠죠? 이제 인스턴트와 조미료에 길들여져서 지금 먹으면 그 맛을 못느낄지도 모르겠지만.

장공부

선생님 이야기를 듣다 보니 지금보다 환경이 더 깨끗했더라면 저희가 누릴 수 있는 것도 더 많았을 것 같네요.

모의심

하지만 한편으로는 환경을 깨끗하게 지키느라고 또 다른 건 못 누렸을 수도 있겠지. 분명히 과자는 지금만큼 못 먹었을 거야. 하나를 버리고 하나를 얻는 거 아닐까? 완벽한 상태가 어디 있겠어?

사회샘

의심이 말도 일리는 있는 것 같네요. 하지만 다르게 생각하는 사람들도 많다는 거 알고 있겠죠? 그런 의미에서 오늘은 친환경적인 삶만이 살 길이라고 믿는 생태주의자, 생태 마을의 이장님이신 오생태 님을 모셔서 이야기를 들어 볼까요? 오생태 님! 나와 주세요.

우리는 인간과 자연을 어떤 눈으로 바라보고 있을까?

오늘날에도 자연과 더불어 사는 아름다운 삶이 가능하다

오생태 안녕하세요, 불러 주셔서 감사합니다. 아까 도환경 님이 나와서 이야기할 때 입이 근질근질해서 못 견디겠더라구요. 언제 불러 주시나 하고 애타게 기다렸습니다. 사실 "환경을 보호해야 한다."라고 주장하는 사람들은 많지만, 근본적으로 소중하게 여기는 가치가 무엇이냐에 따라 서로 생각이 많이 다르거든요. 도환경 님이 스스로를 환경도 생각하는 경제학자라고 하시니까 저랑 별 차이가 없어 보여도, 가치관이 서로 다르기 때문에 결정적인 순간에 다른 길을 선택하게 되니까요. 그런 면에서 오늘은 주로 생태주의가 어떤 가치들을 지향하는지에 대해 여러분과 이야기해 보려고 해요. 환경경제학이나 지속가능론과 구별되는 지점도 설명하고요.

진단순 선생님, 저희가 추구해야 할 태도를 간단하게 한 마디로 정리해 주실 수 있으신가요?

오생태 글쎄……, 가치관의 문제인 만큼 제가 직접 "이렇게 해라, 저게 더 옳다."라고 말하기보다는 **이 시간을 통해 스스로 자기 안에 내재해 있는 가치관에 대해 더 깊이 생각해 보는 기회**를 가졌으면 좋겠네요. 우선 많은 사람들이 생태주의에 대해 흔히 가지고 있는 생각에서 출발해 보죠.

저와 같은 생태주의자가 환경에 대해 이야기하면, 많은 사람들이 오늘날에는 그런 친환경적인 삶을 사는 것이 매우 어렵다거나 불가능하다고 반박을 하는데, 요즘도 그렇게 자연과 더불어 살아가는 삶이 가능해요. 친환경적인 삶의 가능성을 보여 주기 위해 여러분에게 헬렌 니어링과 스코트 니어링 부부의 삶에 대해 소개할까 해요.

진단순 왜요? 두 분이 엄청난 러브 스토리의 주인공인가요?

오생태 음……, 단순이 학생이 생각하는 종류의 러브 스토리랑 일치하는지는 모르겠지만, 어쨌든 대단한 사랑을 보여 준 건 맞아요. 인류애나 생명체에 대한 애정도 사랑은 사랑이니까…….

헬렌 니어링은 남편 스코트 니어링과 함께 자연친화적인 삶을 살았던 인물로 유명해요. 『조화로운 삶』, 『소박한 밥상』 등의 책으로 당대 사람들뿐 아니라 오늘날까지도 많은 영향을 미쳤죠. 우리나라에서도 2000년대 이후에 귀농하는 사람들이 늘었는데, 그들 중에도 이들 부부가 쓴 책을 읽은 사람들이 많았다고 들었어요.

모의심 그런데, 숲속에 들어가서 살았던 것만으로 그렇게 유명해진 건가요? 그렇다면 이해가 잘 안 돼요. 텔레비전 프로그램을 보면 우리나라에도 '자연인'이라면서 산속에 들어가 세상과 담 쌓고 사시는 분들이 많이 있던데, 그렇다고 해서 그 분들이 유명하거나 다른 사람들의 존경을 받는 건 아니잖아요. 오히려 괴짜로 여겨지는 경우도 있고요.

진단순 맞아, 친환경적인 삶이라면 그 분들도 누구 못지않을 텐데……. 풀뿌리 같은 거 캐먹고, 오두막 같은 데서 살면서 문명의 혜택 같은 거 안 누리고…….

오생태 의심이 말대로 헬렌 니어링과 그녀의 남편 스코트 니어링이 단순히 숲 속에 들어가서 살았다는 것만으로 특별하다거나 유명해진 건 아니에요. 그들은 당시 사회가 가지고 있던 여러 문제점들을 인식한 후 스스로가 대안적인 삶의 모델이 되었고, 그런 삶의 방식이 많은 사람들에게 공감을 얻게 되었던 거죠.

사회샘

한 가지만 덧붙여도 될까요? 두 사람의 생각이 널리 퍼진 데는 시대적인 영향도 무시할 수 없었던 것 같아요. 『조화로운 삶』이라는 책 속에 버몬트숲에서 보낸 20여 년간의 삶의 이야기를 담았는데, 이 책이 출간된 1950년대는 미국이 경제성장을 바탕으로 소비 사회에 진입한 시점이라 별로 영향력이 없었다고 들었어요. 사람들이 니어링 부부의 이야기에 귀를 기울이게 된 건 1960년대 후반, 자본주의의 폐해에 대한 비판이 커지고, 반전 · 환경 운동이 확대되면서부터였죠.

장공부 좀 더 구체적으로 설명해 주실 수 있으신가요?

오생태

숲으로 들어가면서 두 사람이 세웠던 세 가지 목표가 있는데, 바로 **'독립된 경제를 꾸려 불황을 타지 않는 삶을 살기, 건강을 지키기, 사회를 생각하며 바르게 살기'**였다고 해요. 여기엔 자본주의의 물결에 휩쓸리지 않는 주체적인 삶, 스스로를 존중하고 소중히 여기며 정신과 육체의 건강을 지켜나가는 삶, 자연과 이웃을 수단이 아니라 목적적 존재로 여기는 삶을 살겠다는 생각이 담겨 있어요.

이 원칙들을 지키기 위해 먹고 사는 데 필요한 것의 절반쯤은 자급자족을 하고, 돈 버는 데 관심이 없었기에 남은 농산물은 이웃과 친구들에게 나눠 주었어요. 모든 생명을 존중해야 한다고 믿어서 동물을 키우지도 않았죠.

모의심

그런데, 자급자족, 육류 안 먹기, 동물 안 키우기……. 그런 걸 지키고 살려면 아주 조금만 먹고, 많이 일해야 하고, 사고 싶은 것도 참고……. 아무튼 육체적으로는 괴로운 삶을 살아야 하는 것 같은데, 그건 너무 지나친 요구 아닌가요?

오생태 물론 쉽게 선택하거나 실천할 수 있는 건 아니에요. 하지만 오늘날 우리가 살아가는 데 필요한 것 이상으로 많이 원하고 쓰고 버리는 것에 대한 반성, 가급적이면 자연을 파괴하지 않으면서 자연과 더불어 조화롭게 살아가려는 두 사람의 노력이 많은 사람들에게 공감을 얻어낸 거죠.

사회샘 저도 바쁘게 정신없이 살다보면 가끔 그런 삶이 그리워질 것 같기도 해요.

오생태 맞아요! 그리고 일을 많이 하니까 육체적으로 힘들었을 것 같지만, 니어링 부부는 오히려 그 반대였다고 해요. 오전에는 일하고, 오후에는 책을 읽거나 사색을 하면서 자유롭게 시간을 보낼 수 있었대요. 한 해 먹을 만큼만 농사를 짓고 나면 더 이상 일을 하지 않았으니, 바쁜 현대인들과 비교하면 훨씬 더 여유롭고 몸도 마음도 편했겠죠?

모의심 아무리 그래도 전 오늘날 도시에 살면서 그런 원칙을 지키며 살기란 거의 불가능하다고 생각해요. 이런 이야기를 들으면 환경 보호는 특별한 사람들만 할 수 있는 것처럼 느껴져요.

오생태 물론 시대와 장소가 다르기 때문에 니어링 부부의 삶을 100프로 똑같이 실천하는 건 무리에요. 하지만 지금까지 아무 생각 없이 살아오던 삶에 대해 한 번쯤 생각해 볼 수 있는 계기를 주는 거죠. 그리고 지금 우리가 처한 현실을 완벽하게 바꾸지는 못해도 서로 힘을 합해 작은 실천이라도 할 수 있기를 바라는 겁니다. 그들이 추구한 가치에 공감한다면 어떤 형태로든 대안적인 삶을 모색할 수 있지 않을까요?

사회샘

저희 학생들은 친환경적인 삶의 실현 가능성에 대해 꽤 부정적인 것 같은데……. 그럼, 여기에서 우리가 니어링 부부와 같은 삶, 책 제목처럼 '조화로운 삶'을 살지 못하도록 방해하는 것이 무엇일지 이야기해 보면 어떨까요?

장공부

좋아요! 방해 요인들을 찾아낸다면 조화로운 삶을 실천하는 데 더 도움이 될 테니까요.

조화로운 삶을 가로막고 있는 것은 우리 안의 배금주의와 소비주의이다

사회샘 그럼 우리가 니어링 부부처럼 살지 못하는 이유를 각자 입장에서 이야기해 볼까요?

진단순 저요! 저부터 이야기할게요. 저는 먹는 걸 줄여야 한다는 게 가장 큰 장애물이에요. 환경 보호도 좋지만, 저처럼 먹는 거 좋아하는 사람이 고기도 안 먹고, 자급자족하는 걸로만 먹고 살라면 어떻게 살 수 있겠어요? 게다가 친환경 음식은 맛이 없잖아요!

오생태 단순이 학생이 소박하고 조화로운 삶을 택하는 데 가장 방해가 되는 건 먹는 것에 대한 욕구군요. 인간의 가장 기본적인 욕구에 호소하니까 마음이 약해지는데요. 게다가 지금 당장 그 많은 것들을 먹지 말라고 하면 저라도 견딜 수 없을 테니 그 마음이 더욱 이해가 되구요.

진단순 그렇죠? 그럼 제게 설득 당하신 건가요?

대량 생산을 위해 좁은 공간에서 비위생적으로 길러지는 닭과 돼지

오생태

음……, 이해는 하지만, 아직 설득되지는 않았어요. 우선 생태주의자라고 해서 무조건 채식주의자여야 하는 것은 아니니까, 고기를 못 먹을까 봐 걱정하지는 않아도 돼요. 고기를 먹어서는 안 된다는 게 아니라, 어떤 환경에서 키우고 어떤 방식으로 먹느냐가 중요한 거겠죠.

4장

예를 들어 전 지금처럼 비좁은 닭장 안에서 대량으로 닭을 키워서, 제대로 다 자라지도 않은 닭을 먹는 건 반대할 거예요. 닭을 인간의 식욕을 채우는 수단으로 보고 너무 잔인한 방식으로 대우하는 거니까요. 하지만 다른 방식이라면 먹을 수도 있다고 봐요. 그리고 친환경 음식이라고 무조건 맛이 없다고 생각하는 건 편견이에요. 아이들이 맛있다고 느끼는 음식은 대부분 달거나 짠, 자극적인 맛을 가지고 있죠. 그렇게 자극적인 맛에 혀가 마비되면서 재료 자체의 맛을 살린 친환경 음식의 순하고 부드러운 맛에는 반응하지 않게 되고, 맛이 없다, 뭔가 심심하다고 느껴지는 거죠.

장공부 맞다! 요즘 먹방, 쿡방이 대세가 되면서 인기를 끌었던 〈삼시세끼〉라는 프로그램이 있거든요. '친환경 자급자족 유기농 라이프'가 콘셉트인데요. 시골집에 틀어 박혀서 텃밭 가꾸고, 그렇게 키운 재료로 직접 세 끼 밥 해먹는 게 전부라서 이런 프로그램은 인기가 없을 거라고 생각했는데, 의외로 커다란 인기를 끌고 속편까지 나와서 놀랐어요. 그러고 보니 우리도 모르는 사이에 그런 단순하고 소박한 생활을 그리워하고 있었나 봐요.

진단순  어? 그러게. 거기에서 출연자들이 만드는 음식들, 진짜 별거 아닌데 완전 맛있어 보이더라. 밥에 계란이랑 간장 넣고 참기름 한 방울. 아, 계란밥은 진짜!

오생태 배고프니까 상상은 거기까지만 하고. 어때요? 그렇게 사는 것도 괜찮겠지요? 나중엔 어쩌면 피자보다 계란밥이나 갓 짜낸 우유가 더 맛있게 느껴질지도 몰라요.

진단순 음……, 잠깐은 좋을 것도 같은데, 평생 그렇게 살라면 역시 힘들 것 같은데요.

모의심  저는 편리함을 버리는 게 더 힘든 것 같아요. 걷거나 자전거를 타는 게 건강에도 좋고 환경에도 도움이 되는 걸 알지만 자동차를 타는 게 더 편하고, 음식도 사서 먹는 게 더 편하잖아요. 설거지하는 것보다 일회용품 쓰고 버리는 게 더 편하구요. 특히 겨울철에는 차 마시고 난 뒤 찬 물에 컵을 씻는 게 귀찮아서 일회용 컵을 쓰고 싶을 때가 많거든요. 정신적 만족을 위해 이 모든 것들을 버리고 육체적인 피곤함과 불편함을 택할 수 있을까요?

오생태  어느 쪽에 더 가치를 두느냐에 따라서 선택은 달라질 수 있겠죠. 생태주의자라고 해서 편리함을 추구하는 걸 그 자체로 나쁘다고 단정하지는 않아요. 하지만 **편리함을 추구한 결과가 초래하는 문제에 대해 고려**해야 한다는 거죠. 편리함을 추구한 결과가 자기 파괴적인 경우도 있으니까요.

손쉽게 이동하려고 자동차를 타지만 그로 인해 사고도 발생하고, 배기가스로 인해 오염이 심해져 결국 우리 자신의 건강을 파괴하게 되죠. 원자력도 마찬가지에요. 효율적으로 에너지를 생산한다고 하지만, 원전에 문제가 생기면 인간에게 치명적인 결과를 가져 오죠.

모의심 하지만 그런 사고가 나서 피해를 입을 확률은 매우 낮고, 그에 비해 편리함은 언제나 보장되는 거니까, 조금은 위험을 감수하게 되는 거 아닐까요?

여유롭게 걸으면서 즐기는 여행, 자전거를 타거나 자동차를 이용하는 여행은 그 목적에 따라 장단점이 있다.(출처 : Pixabay(좌, 우), 크리에이티브 커먼즈(중앙))

오생태 많은 사람들이 그렇게 생각하죠. 하지만 사고의 위험이 낮다고 해서 무조건 편리함을 추구하는 것이 옳을까요? 사고가 날 확률이 0%라고 가정해 보죠. 그럼 자동차를 타는 것이 걷거나 자전거를 타는 것보다 언제나 더 좋은 선택인가요? 여행을 한번 생각해 보세요. 걸어서 여행하는 것, 자전거를 타고 여행하는 것, 자동차를 타고 여행하는 것이 어떻게 다른가요?

진단순 자동차가 목적지에 제일 빨리 도착하죠. 제일 편하기도 하구요.

장공부 하지만 운전하는 동안 옆 사람이랑 이야기를 나누거나, 주위 경치를 제대로 볼 수 없어서 아쉬울 때가 많았어요. 아빠는 여행만 다녀오면 쉬러 갔는데 더 피곤하다고 하시고…….

오생태 네, 그런 경험이 모두 한 번씩은 있을 거예요. 여행만 그런 게 아니죠. 요리도 비슷해요. 외식하는 게 가장 편리하지만, 매번 외식을 하면 직접 만들어 봐야만 느낄 수 있는 즐거움은 알 수 없거든요.

그러니까 편리함이라는 것에만 집착하면 어떤 일을 해 가는 과정에서 얻을 수 있는 즐거움이 사라지는 거죠. 그렇다고 모든 음식을 언제나 직접 만들어 먹고, 어딜 가든 걸어 다녀야 한다는 건 절대 아니에요. 바쁜 상황에서 시간이 없으면 택시를 타기도 하고, 피곤해서 요리를 할 수 없는 상황이면 외식을 하기도 하죠. 중요한 것은 **편리함은 행복한 삶이라는, 다른 어떤 목적을 위한 수단일 뿐, 그 자체로 목적이 될 수 없다**는 거예요.

편리함을 목적으로, 즉 어떤 경우에도 편리함을 포기할 수 없다는 생각에 집착하게 되면, 삶에서 더 소중한 것들을 잃어 버리게 되고 공허함을 느끼는 순간이 분명히 오니까요.

모의심 하지만 그 정도로 무조건 편리함을 추구하는 사람들이 있나요?

오생태 잘 생각해 보면 우리 모두 무의식적으로 편리함만 추구하는 경향이 있어요. 그런 경향이 극단적으로 나타나는 예가 **소비주의, 배금주의**예요. 행복한 삶을 위한 수단이 되어야 할 소비가 그 자체로 목적이 되면서 아무리 소비를 해도 만족스럽지 않고 공허한 상태에 빠지는 거죠. 연락하는 데 아무 문제가 없는 멀쩡한 휴대폰을 신상품이 나왔다고 자꾸 바꾸는 거, 그게 바로 진짜 중요한 목적을 상실했다는 걸 보여 주는 단적인 사례가 아닐까요?

배금주의도 마찬가지예요. 사실 돈 자체는 먹을 수도 없고, 아무런 쓸모없는 종이 쪼가리에 불과하잖아요. 그런데 그것이 그 자체로 목적이 되면서 행복하게 살기 위해 돈을 버는 게 아니라, 돈을 벌기 위해 행복을 포기하고 사는 사람들이 많이 있어요. 진짜 필요가 아니라, 만들어진 필요에 의해서 소비를 반복하고, 돈에 제1의 가치를 부여하게 되면서 스스로를 속이고 또 속고 있는 거죠. 그 돈이나 그 돈으로 산 물건이 곧 자신의 가치를 반영해 주는 것 같은 느낌을 받으면서 말이에요.

장공부

그럼 무조건 불편하게 살라는 게 아니라, 삶에서 진정으로 추구하는 가치나 목적이 무엇인지를 고민해가면서 편리함을 선택할 수 있어야 한다는 게 더 맞겠네요.

오생태

네, 그렇죠. 그리고 실제로 그런 고민 끝에 불편함을 택한 사람들 중에 불편함이 더 많은 행복을 가져다 줄 수 있음을 보여 주는 사례가 많이 있어요.

진단순

불편한데 더 행복하다구요?

오생태 네, 여러분에게 『즐거운 불편』이라는 책을 권하고 싶네요. 후쿠오카 켄세이라는 일본의 한 언론인이 쓴 책인데, 저자는 우리가 자신도 모른 채 빠져 있는 소비 중독 문제를 제기하면서, 이런 시대에 불편하게 산다는 것이 오히려 뿌듯하다고 표현하고 있어요. 불편한데 즐겁고 행복하다는 말이 모순처럼 들릴지 모르겠지만, 돈이 아니라 다른 가치에서 행복을 찾고 있기 때문에 그런 게 가능한 거죠. 그때 말하는 다른 가치라는 것이 바로, 차를 타는 대신 걸어 다니면서 자연과 교감하고, 불편해도 자신의 손으로 음식을 만들어 먹으면서 느끼는 행복감 같은 걸 거예요.

모의심

그런 가치가 중요하다는 걸 인정하지만, 세상 모든 사람이 다 그렇게 살겠다고 하지 않는 이상, 저만 돈이라는 가치에 초연하게 산다는 건 불가능하다고 봐요. 너무 외로운 싸움 아닌가요?

오생태 그래요, 남들은 모두 적당히 환경을 파괴해가면서 편리함을 추구하고 돈을 버는데, 소수의 생태주의자가 자신의 신념을 지키며 살아가기란 매우 어려운 일이죠. 자기 땅에서 쫓겨난 남아메리카 원주민들처럼 내가 친환경적으로 살고 싶어도 남들이 내버려 두지 않을 수도 있구요. 하지만 그런 면에서는 과거에 비해 오늘날이 훨씬 더 여건이 좋은 것 같은데요.

장공부 오히려 지금이 훨씬 더 나쁜 조건 아닌가요? 어떤 면에서 보면 다른 사람들과 더욱 긴밀하게 연결되어 있으니까 서로 더 신경 쓰며 살게 되잖아요.

오생태

바로 그게 더 좋다는 거예요. 과거와 달리 지금은 네트워크 시대니까 단 한 사람일지라도 자신의 생각과 삶의 방식을 널리 퍼뜨릴 수 있고, 그 과정을 통해 정치적인 영향력을 행사할 수 있기 때문에 우리는 우리가 생각하는 것만큼 혼자가 아닐 수도 있어요.

사실 니어링 부부 이전에 헨리 데이비드 소로우라는 사람이 월든 호숫가에 오두막을 짓고 친환경적인 삶을 살았어요. 헬렌 니어링이 존경했던 분이었죠. 하지만 소로우는 개인주의적인 성향이 강했던 데 반해, 니어링 부부는 대안적인 삶과 원칙을 만들고 스스로 그런 삶의 모델이 되어 그것을

헨리 데이비드 소로우가 살았던 호수 근처 오두막집의 내부이다. 그의 오두막집 앞에는 "당신이 더 많은 것을 소유하면 할수록 더 가난해질 것이다."라는 문장이 쓰여진 푯말이 있다.(출처 : 크리에이티브 커먼즈)

사람들과 공유하면서 사회를 변화시키고자 했다는 점이 다른 것 같아요. 제가 소로우가 아니라 니어링 부부의 삶을 제시한 것도 바로 이런 이유 때문이에요. 저 혼자 친환경적인 삶을 살고자 했다면 오늘 여기 오지도 않았겠지요. 좋은 건 나누라는 말이 있죠? 저는 다른 사람들과 더불어 그렇게 살고 싶은 거예요. 외로운 싸움이 될지 아닐지는 우리의 그런 노력에 달린 거겠죠.

사회샘 말씀 잘 들었습니다. 여러분도 이제 친환경적 삶이 실천 불가능한 이상이 아니라는 것에 동의하겠지요?

진단순 뭔가 찜찜하지만, 일단은 동의할게요.

오생태 네, 그 찜찜함을 날려버리기 위해 정리를 하고 다음 이야기로 넘어가 보죠. 우선 많은 사람들이 오해하는 것과 달리, 생태주의자는 금욕주의자가 아니에요. 그러니 욕구에 충실하고 싶은 단순이 학생, 찜찜함을 벗어 버려도 된답니다.

우리도 인간이 가진 욕구를 인정하고 존중해요. 다만, 향락적인 욕구, 지나치게 물질적 소비나 편리함만을 추구하는 태도, 돈을 최고의 목표로 숭배하는 태도를 경계하는 겁니다. 어떤 피해가 와도 편리함을 추구하겠다거나 돈이 되면 뭐든 하겠다는 걸 합리적인 욕구 충족이라고 인정하기는 어렵지 않겠어요?

그런데 왜 우리는 그런 향락적 욕구와 편리함, 끝없는 소비에 빠지게 된 걸까요? 깊이 따져 보면 그런 배금주의, 무조건적인 소비주의, 편의주의의 뒤에는 **인간 중심적인 가치관**이 있어요. 그래서 제가 오늘 가치관의 문제로 이 부분을 짚어 보려고 하는 거구요.

장공부

배금주의에 빠져 있는 건 알겠는데, 인간 중심주의랑 이게 어떻게 관련되어 있나요?

진단순

진짜, '인간 중심주의'가 왜 문제에요? 지금까지 인간을 소중하게 여기고 존중해야 한다고 배웠는데……. 당연한 걸 가지고 갑자기 이러시면 헷갈리잖아요.

오생태 음……, 조금만 생각해 보면 결코 당연한 게 아니라는 걸 알게 될 거예요. 여러분은 어릴 때부터 그렇게 배워 왔으니까 그렇게 생각할 가능성이 크고, 아마 우리가 인간이기 때문에 우리 자신을 중심에 놓고 생각을 하게 된 거겠죠. 하지만 인간이 처음부터 그런 생각을 가졌던 건 아니에요. 옛 조상들을 보면 동물이나 자연을 숭배하고 경외심을 갖고 대했으니까요.

모의심

그렇다고 하더라도 인간 중심주의가 나쁜 건 아니잖아요? 내가 나를 중심으로 생각하는 게 왜 나빠요? 모든 존재가 그렇지 않나요? 개미도 개미 자신을 중심으로, 코끼리도 코끼리를 중심으로 세상을 볼 텐데요.

인간 중심적인 세계관에서 벗어나 자연과 조화를 이루어야 한다

오생태 

정확히 말하면 인간을 소중히 여기고 존중해야 한다는 것이 문제가 아니라, **인간만** 소중히 여긴다는 게 문제인 거죠. 지구를 인간의 관점에서만 본다는 것 말이에요. 인간 외의 다른 동식물들은 전혀 존중하지 않고, 오히려 인간의 욕심을 채우기 위한 수단으로 이용하는 경우가 많으니까요.

각각의 자연 환경이나 동물들의 관점을 고려하게 된다면 생태계의 조화를 이루기가 훨씬 쉬울 텐데 말이죠. 생태주의자들의 주장을 동물이나 자연 환경 보호를 위해 인간을 희생하라는 논리로 생각해서 거부감을 갖거나 부담스럽다고 생각하는 경우가 있는데, 저희가 주장하는 건 **인간이 희생하라는 게 아니라 다른 생명체들과 서로 '조화'를 이루자**는 거예요.

사회샘 아이들에게는 좀 어려운 이야기일 수 있으니, 구체적인 예를 들어 설명하는 게 좋겠네요. 화석 연료를 채굴하면 생태계가 파괴된다는 걸 알면서도 우리는 화석 연료를 사용하고 있지요? 우리가 경제적 비용을 줄이기 위해 화석 연료를 사용하면서 인간 외의 자연을 이용하고 파괴하고 있다는 것, 그건 바로 우리가 다른 생명체들보다 인간을 중심에 두고 사고하고 있다는 것을 보여 주지요. 자원을 채취하기 위해 삼림을 파괴하는 것이 대표적인 경우라고 할 수 있어요. 인간은 석탄을 얻지만, 그곳에 살던 동식물들은 살 곳을 잃어 버리게 되니까요.

오생태 오죽하면 '신은 라우지츠를 창조했고, 악마는 그 곳에 석탄을 집어넣었네. 우리들이 악마의 선물을 발견했지.'라는 노래가 다 있겠어요.

진단순 어? 라우지츠가 뭔데 악마가 거기에 석탄을 넣어요?

오생태 라우지츠는 독일의 대규모 갈탄 채굴 지역이고, 방금 제가 부른 건 그곳에 사는 소브르인(슬라브 소수민족)이 부르는 노래의 한 구절이에요. 노천 광산이었던 라우지츠를 대규모로 파헤치고 채굴한 결과 생명이 살지 않는 달 표면처럼 황폐하고 기형적인 모습으로 바뀌었거든요. 석탄을 얻겠다는 인

독일의 대규모 갈탄 채굴 지역인 라우지츠(Lausitz)의 황폐했던 모습이다.(출처 : 크리에이티브 커먼즈)

간의 욕심이 그런 비극적인 결과를 만든 거죠.

진단순 아, 그래서 석탄을 악마의 선물이라고 한 거구나.

오생태 물론 지금은 독일 환경 단체에서 라우지츠 폐광산 지역의 일부를 매입해 보호구역으로 삼고 자연을 복원해 나가도록 하고 있지만, 그 전에는 못 봐줄 정도였다고 해요.

장공부 어떻게 보면, 호랑이나 사자 같은 맹수랑 비교할 때 우리 인간은 아주 연약한 존재잖아요. 그런데 육체적으로는 가장 연약해 보이는 우리 인간이 만물의 영장이 된 게 참 신기해요. '다른 동물이 중심이 되었으면 환경 파괴가 일어나지 않았을까?' 하는 의문도 들고…….

진단순 

듣고 보니 그렇네요. 왜 인간이 만물의 영장이자 중심이 된 거예요? 언제부터요?

오생태 인간이 만물의 영장이라는 생각은 근대 이후에 생겨났을 거예요. 우리 조상들만 해도 오히려 자연을 경외의 대상으로 여겼고, 자연과 더불어 사는 삶을 추구했죠. 하지만 서양의 근대 사상가들은 기본적으로 인간과 인간 아닌 것을 구분하고, 인간은 주체, 자연은 객체로 인간에게 특권적인 지위

독일 남부의 반닌헨(Wanninchen) 자연경관 체험지역에서는 폐탄광 지역의 환경을 복원하여 두루미, 늑대, 후투티, 갈색제비 등 희귀 동물들의 새로운 삶의 터전이되었다.(출처 : 크리에이티브 커먼즈)

를 부여하는 경우가 많았어요. 도환경 님과 같은 환경경제학자나 오함께 님 같은 지속가능론자들은 기본적으로 이런 인간중심적 가치관에서 벗어나지 못하고 있어요.

모의심

그럼 생태주의자들은 인간과 다른 생명체가 똑같은 가치를 지닌다고 보는 건가요? 만약 그 말씀이 맞다면 저희가 다른 식물이나 동물을 먹는 것도 금지되어야 하는 것 아닌가요? 하지만 그렇게 하면 생존이 불가능하잖아요.

오생태

생태주의자들은 기본적으로 인간과 자연을 별개의 존재로 분리하거나 어느 쪽이 더 먼저라는 식의 위계를 설정할 수 없다고 생각해요. 오히려 인간은 자연의 일부이고, 모든 생물이나 자연은 인간과 평등한 존재라는 것을 우리가 깨달아야 한다고 보고 있죠.

우리가 다른 동식물을 안 먹고 살 수는 없지만, 인간도 다른 동식물들처럼 생존에 필요한 만큼만 생산하고 소비하는 방향으로 사회 구조나 삶의 방식이 바뀌어야 한다는 걸로 이해하면 좋겠어요.

장공부 아까 환경경제학자나 지속가능론자는 인간 중심주의에서 벗어나지 못했다고 하셨잖아요. 그럼 생태주의와 그 둘 간의 결정적인 차이가 인간 중심적인 가치관이라고 봐도 되는 건가요?

오생태 그렇게 볼 수 있죠. 환경경제학자들은 자연을 인간의 편익을 증진하기 위한 도구로서만 대하기 때문에 적정 수준의 환경 파괴를 용인하고 있죠. 지속가능론자들도 대체 에너지라는 절충점을 통해 환경을 보호하고자 하지만, 자연을 인간의 욕구 충족을 위한 도구로 본다는 점에서는 마찬가지라고 봐요.

모의심

그런데 말이에요. 환경 파괴로 피해를 입는 사람들은 특정한 집단에 집중되어 있지 않나요? 가난한 사람들이나, 특정 지역에 사는 사람들 말이에요. 그럼 인간이 자연만 지배하고 이용하는 게 아니라, 인간 내에서도 위계를 설정하고 서로 이용하고 이용당하는 거 아닌가요?

장공부

맞아요. 선진국들이 화석 연료를 쓰면서 경제 성장을 하는 동안, 투발루처럼 적도 부근의 가난한 섬나라들이 온난화의 피해를 겪었잖아요. 환경은 반드시 파괴 행위를 저지른 쪽에게 피해가 돌아가는 게 아니라서 더 불공평한 것 같아요.

진단순 이것 참, 환경 피해도 사람 차별하는 거예요?

오생태 의심이 학생이 중요한 걸 지적해 주었네요. 분명 그런 면이 있어요. 우리가 인간 중심적인 선택을 하는 것이 오히려 인간에게 피해를 주는 아이러니한 상황이 일어날 때가 있죠. 우리 인간도 생태계의 일부분이기 때문에 필연적으로 그런 결과를 가져오게 되는데, 안타깝게도 사회적 약자들이 먼저, 주로 피해를 입는 게 현실이죠. 불공정한 것 맞습니다.

그런 점에서 생태주의 중에서도 머레이 북친을 중심으로 한 **사회생태주의자**들은 인간 사회 내의 불평등한 구조와 인간 소외를 비판하고 대안을 제시하고자 노력했는데, 이들이 제시하는 사회 구조에 대해 자세히 알아보면 생태주의가 그리는 삶의 방식을 더 잘 이해할 수 있을 것 같아요.

자연과 인간이 조화된 사회는 어떤 모습일까?

인간에 의한 자연 지배는 인간에 의한 인간 지배로부터 비롯된다

오생태 사실 생태주의는 스펙트럼이 굉장히 넓어서 생태주의 내부에서도 다양한 입장이 존재해요. 근본적으로 인간이 자연을 지배하고 수단화하는 것을 문제시한다는 점에서는 공통적이지만, 생태주의가 어떤 사회 구조를 추구한다고 한 마디로 단정하기는 어렵죠. 그래서 이번 시간에는 불평등하게 서열화된 사회 구조를 비판적으로 바라보았던 **사회생태주의자**들의 입장을 중심으로 이야기를 해 보려고 해요.

진단순 불평등한 사회 구조라구요? 이해가 안 되는데, 좀 더 구체적으로 말씀해 주시면 안 되나요?

오생태 네, 그러지요.

많은 사람들이 생태주의적 삶은 특정한 개인이 더 나은 삶을 위해 내리는 도덕적인 결단이나 선택이라고 생각하는 경향이 있어요. 생태주의자들 중에 그런 면을 강조하는 입장이 있기도 하구요. 하지만 사회생태주의자들은 개인의 감정이나 결단에 호소하지 않고, 사회 구조에 문제를 제기해요.

사회생태주의자, 머레이 북친 (Murray Bookchin)

"자연을 지배해야겠다는 '생각'은 다름 아닌 인간에 의한 인간의 지배에 뿌리를 두고 있다는 점에 주목해야 한다. 인간사회의 지배 구조는 또한 자연계를 위계적 존재의 연쇄 구조로 바라보게 만들었다. 이런 자연관은 역동적 진화의 관점, 즉 생명계가 주체성과 유연성이 확대되는 방향으로 발전한다는 관점과는 아무런 관계가 없는 정적인(static) 자연관이다. …… '자연 지배'의 관념은 계급과 위계 구조가 없는 사회가 도래해야만 극복될 수 있다."

– 이상헌 저, 『생태주의』, 책세상 –

기본적으로 오늘날 우리가 직면하고 있는 생태 위기의 원인이 인간 사회 내에 존재하는 '지배, 위계 조직, 계급'에 있다고 보는 거죠. 대표적인 사회 생태주의자 머레이 북친은 "인간에 의한 자연 지배는 인간에 의한 인간 지배로부터 비롯된다."라고 지적하면서 인간 사회 내의 지배를 없애기 위해 노력해야 한다고 주장했어요.

장공부

인간에 대한 지배에서 자연 지배가 비롯된다구요? 두 개는 완전히 별개의 문제 아닌가요?

모의심

인간에 의한 인간 지배라……. 그럴듯한 생각인데요. 인간은 자연을 지배하기도 하지만, 자신보다 약한 위치에 있는 인간을 지배하기도 하니까요.

그리고 그런 인간 사회 내의 지배를 강화하려는 태도가 강해지면, 자연에 대해서도 유사한 태도를 보이기 쉬울 것 같아요. 자연에 대해서도 인간의 목적을 위한 수단으로서 도구화하고 착취하게 될 위험이 커지죠. 석유 때문에 싸우는 것도 국제 사회에서 패권을 장악하기 위한 건데, 그게 결국 약자의 생활 터전을 파괴하고, 자연 환경도 파괴하게 되니까요.

장공부 의심이 네 말을 들으니 좀 더 이해가 된다. 그런데, 인간에 대한 지배가 자연에 대한 지배를 강화하는 건 이해되지만, 애초에 자연 지배라는 발상 자체가 인간에 대한 지배에서 비롯되었다는 건 이해가 잘 되지 않아요.

오생태 북친은 자연에는 인간 사회와 달리 위계적인 질서가 없다고 보았어요. 자연 속에서는 다양한 존재들이 하나의 전체로 통합되어 조화를 이루며 살아가고 있었다는 거죠. 그래서 자연이 인간 사회에 자유, 다양성과 같은 윤리적 토대를 제공할 수도 있었고요. 그런데 위계적이고 불평등한 사회적 관계가 자연 질서를 사회 질서 속으로 편입시키면서 자연 질서의 다양성이나 풍성함을 파괴했다고 보는 겁니다.

장공부 자연에는 위계가 없었다……. 그럼 인간 사회에는 처음부터 위계가 있었

4장

던 건가요?

오생태 물론 태초에 각 개인으로서 존재하던 인간 사회는 자연 세계의 질서와 비슷했겠죠. 지금과 같은 지배 구조는 없었을 거예요. 하지만 공동체를 만들어 살게 되면서 공동체 유지를 위해 어느 정도의 권위가 불가피해지게 되었죠. 그랬던 것이 점점 억압적인 서열 체계로 변해갔고, 자본주의 사회가 되고 생산성이 비약적으로 증대되면서 자연에 미치는 영향력이 더 커지게 되었어요. 과거처럼 영향이 미미할 때는 잘 드러나지 않던 문제가 이제는 심각할 정도가 된 거죠.

이런 점에 대해 북친은 '현대 자본주의 사회는 구조적으로 비도덕적'이라고 비판하면서 '무한한 경제 성장과 경쟁의 논리'가 지배하는 사회라는 점을 강조했어요.

인간 사회 내의 위계 구조는 아주 먼 옛날에도 문제를 가지고 있었지만, 자본주의 시대에는 그 폐해가 전지구적이고 훨씬 강도도 세다는 점에서 더 심각하죠.

모의심

그럼 생태계 보호를 위해 사회생태주의자들이 내놓는 대안은 자본주의 사회 구조의 근본적인 개혁이 되겠네요.

오생태 네, 그렇습니다. 환경 문제를 개인적인 차원에서 접근할 경우, 해법은 각각의 개인이 의식의 변화를 통해 자신의 삶에서 욕구를 절제하고, 생태계의 다른 동식물이 겪는 고통과 아픔에 공감하면서 (생태계 보호 측면에서) 좀 더 윤리적인 선택을 하는 거예요. 하지만 사회생태주의자들의 입장에서는 **인간 사회 내에 존재하는 불평등한 위계 구조를 없애는 것**이 중요한 과제가 되는 겁니다. 그리고 현 시점에서는 그것이 자본주의의 논리를 벗어나는 것이고요.

진단순 이제 좀 더 이해가 되네요. "인간이 자연을 이용하고 지배하는 게 문제니까 인간 중심주의에서 벗어나야 한다."라고만 하니까 너무 막연하게 느껴

졌거든요.

오생태 네, 그런 면에서 사회생태주의자들의 목표는 비교적 뚜렷한 편이에요. 그들은 '인간'과 '자연'이라는 이분법적인 대결 구도 대신에, 경쟁과 지배의 원리가 중심이 되는 자본주의적인 경제 구조와 이런 자본주의 논리를 강력하게 밀어붙이는 거대 자본을 비판의 주요 타겟으로 삼고 있기 때문이에요. 그리고 자본주의적 위계 질서를 탈피하기 위해서는 우선 시민이 참여하는 소규모의 자치 공동체를 확대하고, 거대 자본에 의한 대량 생산과 대량 소비에서 벗어날 것을 강조해요. 자유로운 공동체를 위해서는 공간적 범위가 줄어들고 분권화되는 것이 필수적이라고 보거든요.

장공부

그런데 대량 생산과 대량 소비가 이 문제랑 무슨 상관이 있나요? 꼭 작은 공동체라야만 환경을 보호할 수 있는 건 아니지 않나요? 집적의 이익인가? 도환경 선생님께서는 대량으로 생산하면 더 이익이라고 말씀하셨고, 오염 물질이 여러 군데로 퍼지지 않으니까 공장이 여러 군데 분산되어 있는 것보다 한 군데 몰려 있는 게 더 낫지 않나요?

오생태 집적의 이익이라……. 경제적으로 보면 그런 면도 있겠죠. 하지만 저는 대량 생산과 소비 체제가 자연과 인간에 대한 지배와 억압을 강화한다고 생각해요. 대량 생산과 대량 소비가 어떤 점에서 문제가 되는지 좀 더 구체적으로 살펴볼까요?

대량 생산과 대량 소비는 지배와 억압을 강화한다

사회샘 우선 언제부터, 왜 대량 생산을 하기 시작했는지 생각해 보면 문제가 좀 더 명확해질 것 같군요.

장공부 근대 과학 기술의 발전으로 기계화가 되어서 그렇게 된 것 아닌가요? 옛날에는 작은 것 하나도 오랜 시간을 들여 정성들여 만들었는데……. 기계화가 되면서 더 빨리 더 많이 만들게 된 것 같은데요.

오생태 기계화가 가능해졌다고 해도 우리가 소규모 소비를 택할 수도 있는 것 아닌가요? 왜 우리는 문제가 많은데도 불구하고 대량 생산을 택한 걸까요?

모의심 아무래도 비용이 적게 들기 때문 아닐까요? 그리고 빨리 많이 만들 수 있으니까 돈도 많이 벌 수 있고…….

오생태

맞아요. 경제적 합리성과 효율성이라는 가치가 사회를 지배하면서 대량 생산과 대량 소비가 확산되었죠.

일반적으로 대량 생산과 대량 소비는 획일화의 문제를 가져온다고 지적되지만, 그것 외에 환경 파괴와 불평등한 사회구조를 심화시키는 경향도 있어요. 자원을 대규모로 채취하는 과정에서 환경 파괴가 이루어지고, 대량 생산과 소비가 일반화되면서 모든 것이 거대 기업에 의해 대규모로 운영되어 영세한 규모의 자영업자나 농가들은 모두 사라지게 되었잖아요. 자본과 권력이 한 곳에 집중하게 되면서 불평등도 심해졌죠.

사회샘

게다가 지역적 특수성을 무시하면서 생태계뿐 아니라 지역 주민들의 삶의 방식 또한 파괴되고 있어서 더욱 문제에요. 사실 자연조건에 따라 각기 다른 종류와 방식으로 생산과 소비가 이루어지는 것이 자연스럽잖아요. 하지만 지금은 땅값이나 인건비가 싼 곳에 커다란 공장부터 지어요. 돈이 된다면 주변 자연환경은 조금도 고려하지 않죠. 그렇게 만들어진 물품들이 지역 주민들의 원래 삶의 방식을 서서히 파괴해 나가는 거예요.

오생태 그런 걸 보여 주는 대표적인 사례가 카자흐스탄과 우즈베키스탄에 걸쳐 있는 **아랄해(Aral Sea)의 사막화**예요. 아랄해는 한 때 세계에서 네 번째로 큰 담수호였는데, 지금은 전체 호수 면적의 10%만 남아 있는, 21세기 최악의 환경 재앙이 일어난 곳들 중의 하나가 되었죠.

진단순 아니 왜 그렇게 물이 줄어든 거예요?

오생태 1960년대 당시 구소련 정부가 호수 인근에 대규모 목화농장을 세우고 농업생산량을 늘리기 위해 아랄해로 흘러들어오는 두 개의 큰 강 물줄기를 돌리는 댐을 건설하면서 재앙이 시작되었어요. 강물이 유입되지 않자 호수는 급격히 말라가기 시작했고, 그 결과 주변 지역이 건조해지면서 연쇄적인 문제가 발생했죠. 삼림 면적이 90% 이상 줄어들었고, 수많은 동식물이 멸종하거나 개체수가 줄어들었어요. 게다가 아랄해 동쪽은 원래 짠물 호수였던 곳이라 물이 말라버린 지금 연간 1억 톤의 소금먼지가 만들어져서 바람이 불면 주변 국가들에게까지 피해를 입히게 되었죠.

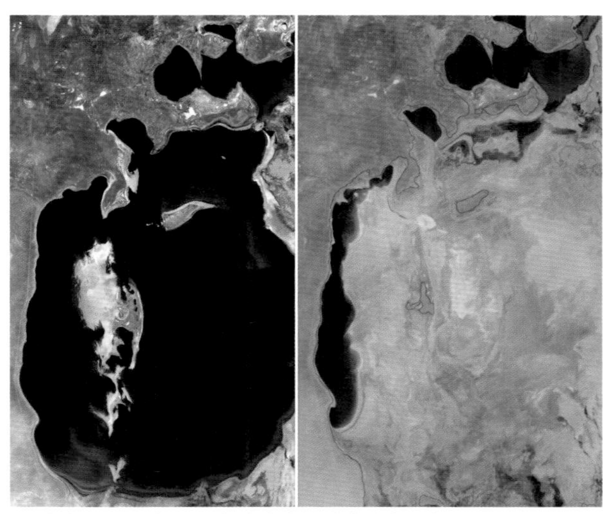

50년만에 호수의 90%가 말라버린 아랄해의 모습

사회샘 맞아요. 아랄해 인근의 최대 항구 도시였던 모이나크는 소금기 있는 거친 풀과 녹슨 배들이 방치된 폐허로 변했죠. 대부분 어부였던 지역 주민들은 이제 일자리를 잃고 식량이며 마실 물도 없는 상황이 되어 마을을 떠나게 되었어요. 남아 있는 주민들도 대기와 물 속에 남은 독성이 섞인 염분으로 인해 호흡기 질환과 식도암, 류머티즘 등의 질병으로 고통 받는 안타까운 상황에 처해 있다고 해요.

오생태 선생님 말씀이 맞습니다. 대규모 개발로 인해 환경이 파괴되고 삶의 터전이 망가진 지역 주민들은 대규모 생산 방식과 생산물, 더 근본적으로는 거대 자본과 기업체에 종속된 삶을 살게 되죠. 거대한 자본에 기초한 대량 생산 방식은 이런 식으로 사람들을 지배하고 억압하는 체제를 공고하게 만들어요.

장공부

사람들이 생산 방식과 생산물, 기업체에 종속된다는 이장님의 말씀이 너무 무섭게 느껴져요. 그게 바로 **'인간 소외'** 아닌가요?

오생태

맞아요. 그래서 자연에 대한 지배만이 아니라, 인간이 자기 자신을 사물화하고 스스로 지배당하도록 만든다는 거죠.

모의심 그런데, 이미 사회 구조가 그렇게 만들어졌다면 바꾸기가 쉽지 않잖아요? 기계화가 진행된 지가 언제부터인데요. 니어링 부부나 후쿠오카 켄세이 아저씨처럼 혼자서 실천한다고 바뀌는 것도 아니고.

장공부 자본주의 경제 체제를 완전히 바꾸지 않는 한 다른 대안은 없는 건가요?

오생태 물론 아닙니다. 100% 완벽한 대안이라고 보기는 어렵지만, 소규모 분산형 생태 공동체를 만들어 삶의 방식을 바꾼다면 변화의 가능성이 있죠. 언제 저희 생태 마을에 놀러 오시면 좀 더 자세히 알려 드릴게요. 오늘은 시간이 제한되어 있어서 간단히 소개만 하겠습니다.

소규모 분산형 생태 공동체는 더 자유롭고 평등하다

진단순 소규모 분산형 생태 공동체라구요? 시골 마을을 말씀하시는 건가요?

오생태 소규모 분산형 생태 공동체는 우리가 흔히 생각하는 시골 마을과는 조금 달라요. 이렇게 말로만 설명하는 것보다 구체적인 사례를 보여 주는 게 더 좋을 것 같네요. 대표적인 생태 공동체인 **인도의 오로빌(Auroville) 마을**을 소개할게요.

모의심 인도요? 인도의 이미지랑 지금까지 오생태 님께서 말씀하신 생태 공동체는 연결이 잘 안 되네요. 깨끗한 이미지도 아니고, 카스트 제도 때문에 평등보다는 불평등의 대표 지역인 것 같은데…….

오생태 물론 그런 면이 있긴 하지만 오로빌 마을은 좀 특수한 경우예요. 오로빌은 '스리 오로빈'이라는 인도 독립운동가의 이상향을 현실 속에서 구현하는 것을 목표로 1968년 남인도의 푸두체리 근처에 있는 작은 마을에 만들어

종교, 국적, 인종, 계급을 초월한 국제 도시 오로빌의 중앙에 있는 명상 공간 마트리 만디르(좌)와 마을 전경(우 출처: 크리에이티브 커먼즈)

졌어요. 인도인들만이 아니라 전 세계 각지에서 종교, 정치, 국적을 초월해 자연과 평화롭게 조화를 추구하면서 살고자 하는 사람들이 모여서 만든 마을이죠.

장공부 다른 나라 사람들도 가서 살 수 있는 거예요? 그럼 그곳에서 살고 있는 우리나라 사람도 있나요?

오생태 물론이에요. 때에 따라 조금 유동적이지만 현재(2016년) 약 50여 개 국가의 사람들이 거주하고 있고, 한국인들도 30여 명이 있다고 해요.

진단순 거기서는 어떻게 사는데요? 우리랑 뭐가 달라요?

오생태 기본적인 생활 방식은 니어링 부부와 비슷해요. 우선 화폐가 없다는 것이 우리랑 다르죠. 화폐가 없으니 부를 축적하는 것도 의미가 없고, 사람들은 돈을 모으기 위해 과도하게 일을 할 필요가 없어요. 그리고 에너지는 태양열과 같은 신재생 에너지를 사용하고, 우물을 파서 생활용수를 공급해요. 학교에는 성적표도 없고…….

진단순 우와, 성적표가 없다니……! 거기로 이사 가려면 어떻게 해야 해요? 저도 갈래요!

모의심 역시 단순해. 그런데 화폐가 없으면 물물교환을 하는 건가요?

오생태 필요로 하는 일정 정도의 물건은 공짜로 가져갈 수 있어요, 세금도 없고, 학교 교육도 공짜고요.

진단순

세상에 그런 낙원이 있어요? 왜 그 얘길 이제야 해 주시는 거예요! 진작 알았더라면 더 행복하게 살 수 있었을 텐데……. 좀 더 자세하게 이야기해 주세요.

오생태 일찍 끝내달라던 단순이 학생이 이렇게 적극적이니까 저도 뿌듯하네요. 이 수업이 끝나면 생태주의자 한 명이 더 늘어날 것 같은 예감도 들구요. 단순이 학생을 위해서라도 좀 더 자세하게 설명해야겠어요. 오로빌 내에는 다양한 공동체가 존재해요. 각자 의미 있다고 생각하는 것, 하고 싶은 것에 따라 소규모 프로젝트를 진행할 수 있죠. 예를 들면 **사다나 포레스트**(Sadhana forest)는 2003년 한 부부에 의해 시작되었는데, 나무를 심어 숲을 가꿔 나가는 것을 주된 목표로 하죠. 그런 노력의 결과 오로빌 마을이 처음 생겨났을 때에는 나무가 거의 없었지만, 지금은 200만 그루 이상의 나무가 울창한 숲을 이루어 마을 어디서나 나무 그늘을 만날 수 있게 되었어요.

진단순 나무 많이 심는 거 말고 또 다른 특별한 건 없나요?

오생태 가게에서 파는 물건들도 좀 다르죠. 화학성분이 들어간 샴푸나 세제를 팔지 않고, 옷도 천연섬유로 만든 것을 팔아요. 아! 또 하나 특징적인 건, '**솔라 키친**(Solar kitchen)'이라는 거예요. 마을 사람들이 함께 둘러앉아 밥을 먹을 수 있는 식당인데, 지붕 위에 지름 15미터의 반구가 달려 있고 거기에 거울 조각들이 박혀 있어요. 이 반구를 이용해 햇빛을 모아 물을 끓이고 거기에서 나온 수증기로 음식을 요리하죠. 대체 에너지 기술로도 훌륭하지만, 마을 사람들이 함께 밥을 먹기 때문에 친밀감과 연대감을 키우는 데도 도움이 돼요.

모의심

그런데 그런 대체 에너지만으로 생활이 가능한가요?

오생태 오로빌이 인도 정부와 함께 세운 지구연구소는 기존의 1/3도 안 되는 에너지로 벽돌을 만드는 기술을 가지고 있어요. 벽돌을 화덕에 굽지 않고 건조시켜 만들기 때문에 탄소 배출도 거의 없죠. 게다가 이 벽돌 기계를 아프리카와 네팔 등 35개국에 보내 지원하는 일까지 하고 있으니 생활은 충분히 가능할 겁니다.

장공부 그렇게만 들으면 진짜 살기 좋은 곳인데, 사람들이 엄청 몰려들지 않아요? 소문나면 소규모 마을로 남아 있을 수 없을 거 같은데…….

모의심 음……, 아무래도 그렇게 좋은 점만 있다는 게 수상해, 수상해.

진단순 또, 또 시작이다, 저 의심병……. 나처럼 좋은 건 좋은 거 그대로 좀 받아들여 봐.

오생태

아니에요, 의심이 학생 생각대로 오로빌은 의외로 문제점을 많이 안고 있어요. 사람들이 몰리면서 집값 상승의 문제도 발생하고, 직장이나 대학 진학 때문에 나중에 마을을 떠나 도시에서 정착하려는 젊은이들이 경제적인 어려움을 겪기도 하죠. 무엇보다도 아이러니한 것은 생태마을인 오로빌이 환경 오염 문제를 겪고 있다는 거예요.

장공부

생태 마을이 환경 오염이라구요? 그건 뭔가 공동체 존립의 근거가 무너지고 있는 거 아닌가요?

오생태 오토바이를 교통수단으로 많이 활용하면서 발생하는 매연, 황무지를 비옥하게 만들기 위해 고갈되는 지하수……. 이런 것들이 문제로 지적되고 있어요.

모의심 그곳 사람들은 환경을 보호한다면서 오토바이를 타나요? 매연이 나오는 걸 알고 있으면서도요?

오생태 환경을 보호한다고 해서 먼 거리라도 무조건 걸어 다녀야 한다면, 누가 그렇게 살 수 있겠어요? 우리 생태주의자들을 지나치게 극단적인 근본주의자로 이해하면 안 돼요. 저는 소규모로 필요할 때만 타는 거라면 오토바이도 괜찮다고 생각해요. 해가 갈수록 지하수를 깊게 파야 해서 문제가 있긴 하지만요.

장공부 하나 둘씩 문제가 늘어 가는데, 사람들이 떠나지 않나요?

오생태 한 여행객이 오로빌 주민에게 그렇게 묻자, 이런 대답이 돌아왔다고 해요.
"세상 어디에도 파라다이스는 없다."
여러 가지 어려움에도 불구하고 **2,500여 명의 사람들이 오로빌에 사는 이유는 이상적인 교육, 행복한 노동, 공짜 물건 때문이 아니라, "내가 사는 세상을 바꿀 수 있다는 믿음" 때문이라고 해요**. 아마 대부분의 사회에서는 돈이나 권력을 많이 가진 일부 특권층이 더 많은 영향력을 행사할 거예요. 대량 생산과 소비 구조가 고착화되어 거대 기업과 자본이 힘을 가진 곳이라면 더욱 그럴 거고요. 하지만 오로빌에서는 그런 특권을 가진 사람이 없어요. '리트릿'이라는 마을 전체 회의를 통해 모두가 만족하는 결과가 나올 때까지 다 같이 모여서 끝없는 토론을 계속하죠.

진단순 끝없는 토론이라……, 그게 과연 좋은 걸까요? 음……, 이민은 신중하게 생각해 봐야겠네요.

오생태 빨리 결론 내리는 데 익숙한 사람은 좋아하지 않을 수도 있어요. 하지만 자신의 의견이 존중되고 반영된다는 건 공동체의 일원으로서 매우 중요한 부분이죠. 지역 주민들의 복지를 담당하고 홍보, 관광 등을 책임지는 행정 기구도 있지만, 이들 역시 각자 주어진 역할만 수행할 뿐 군림하지 않기 때문에 사람들은 회의를 통해 얼마든지 내부 조직도 바꿀 수가 있어요. 그리고 뭔가 안건이 있으면 주민들 누구라도 자체적으로 의견을 모을 수 있죠. 매주 배달되는 소식지 '뉴스 앤드 노츠(News & Notes)'를 통해 회의를 제안하면, 참여하는 주민들이 동참하거든요. 회의 결과는 또 다시 소식지에 공개되구요.

장공부 

그럼 오로빌에 사는 이유가 환경이 깨끗해서가 아니라, 좀 더 민주적이고 평등한 사회이기 때문이란 건가요?

오생태 

다른 곳보다 친환경적이기도 하지만, 환경 문제는 언제든 더 심해질 수 있는 거니까요. 그보다는 근본적으로 문제를 바라보는 관점, 해결하는 방식을 더 중요하게 여기는 거죠. 그래서 우리가 흔히 생각하는 시골 마을과는 조금 다르다는 거예요.

오로빌은 유엔에서 가장 '**인간적인**' 공동체로 선정되기도 했는데, 그때 '인간적'이라는 말이 담고 있는 의미를 한번 잘 생각해 보면 좋겠어요. 저는 그게 **자유롭고 평등한 공동체**라는 의미라고 생각하거든요.

모의심 오로빌 마을 말고, 다른 생태 마을도 그런 특징이 있는지 궁금해요.

오생태 물론 오로빌과 똑같이 하기란 쉽지 않죠. 하지만 생태주의는 기본적으로 지구상의 한 생명체가 다른 생명체보다 더 우위에 있다거나 누가 누구를 지배할 수 있다는 생각을 거부해요. 우리는 모두 서로 연결되어 있고, 서로에게 의지하고 있는 거니까 사이좋게 공존해야 하는 거죠.

만약 진정한 생태주의자라면, 오로빌처럼 평등하고 민주적인 의사결정 방식을 존중할 거예요. 현실적인 문제로 조금씩 차이가 있겠지만, 다른 생태 마을도 기본적으로는 이와 같은 이상을 지향하고 있지 않을까요? 만약 그렇지 않고 어떤 식으로든 지배와 억압의 구조를 유지하려고 한다면 진정한 생태주의자라고 볼 수 없을 것 같군요.

진단순 그런데 오생태 님. 니어링 부부도 그렇고, 켄세이 아저씨나 오로빌 마을 주민들도 과학 기술의 혜택을 아예 누리고 않고 산 건 아니죠? 그렇게 살 수는 없었을 거 아니에요?

오생태 물론 그렇죠. 그럼 마지막으로 생태주의의 입장에서 과학 기술을 어떻게 이용해야 할지 살펴보고 수업을 마무리하도록 해요. 우리도 모든 기술을 거부하는 건 아니니까요.

소규모 생태 공동체에 적합한 친환경 기술은 어떤 것일까?

대량 생산과 대량 소비 하에서는 대체 에너지도 소용없다

오생태 우선 최근 많은 관심을 얻고 있는 대체 에너지와 관련해서 이야기를 시작해 볼게요.

태양열과 같이 재생 가능한 대체 에너지를 만들어서 써야 한다고 주장한다는 점에서 우리는 오함께 님과 같은 지속가능론자와 공통점을 가지고 있어요. 하지만 저희는 대체 에너지라 할지라도 대규모 생산 방식을 취한다면 아무 소용이 없다고 생각해요. 규모가 커지는 순간 환경 파괴와 착취가 이미 시작되었다고 보거든요.

장공부

그럼 대체 에너지냐 화석 연료냐 하는 것이 문제가 아니라, 생산 방식이 문제라는 건가요?

오생태

물론 친환경적인 대체 에너지가 화석 연료보다야 더 낫긴 하겠죠. 하지만 대체 에너지 자체가 친환경적이라고 해도, 그것을 생산하기 위한 설비가 대규모로 건설되는 순간 생태계가 파괴되기 때문에 생산 방식의 문제에 대한 논의가 함께 이루어지지 않는다면 근본적인 해결은 불가능하다는 점을 지적하는 거예요.

진단순 생산 방식의 문제라는 게 이해가 잘 안 되는데, 예를 들어 설명해 주세요.

오생태 조력 발전의 경우를 생각해 보죠. 조력 발전은 밀물과 썰물 때 해수면의 높이 차이를 이용해서 에너지를 얻기 때문에 그 자체로는 친환경적이라고 할 수 있죠. 고갈의 위험도 없구요. 그런데, 대규모 조력 발전소를 건설하는 순간 이야기가 달라져요. 조력 발전의 원리가 하구나 만을 방조제로 막고 발전기를 설치한 후, 만조가 되어 해수가 들어오면 수문을 열어 방조제 안에 물을 채워 가둬두었다가 간조가 되면 다시 수문을 열어 가둬 두었던 물을 방류하면서 전력을 생산하는 방식이거든요. 이때 방조제로 물을 가두면서 갯벌과 해양 생태계가 파괴되는 문제가 생겨나요.

우리나라에서도 2008년에 시화호 조력 발전소가 설립되는 과정에서 많은 문제가 발견되었죠. 몇 해 전까지만 해도 가로림만 조력 발전소 건설을 둘러싸고 갈등이 끊이지 않았고, 결국 발전소 건설은 무산되고 말았어요. 가로림만을 방조제로 막게 되면 연안의 습지가 파괴되어 어업에 막대한 피해를 끼칠 것으로 예상되었거든요.

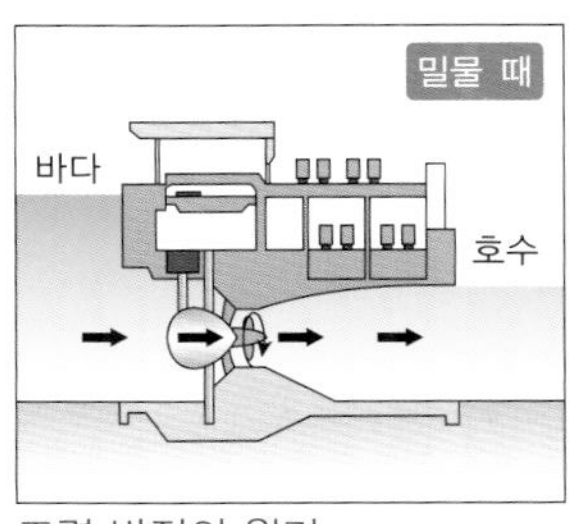

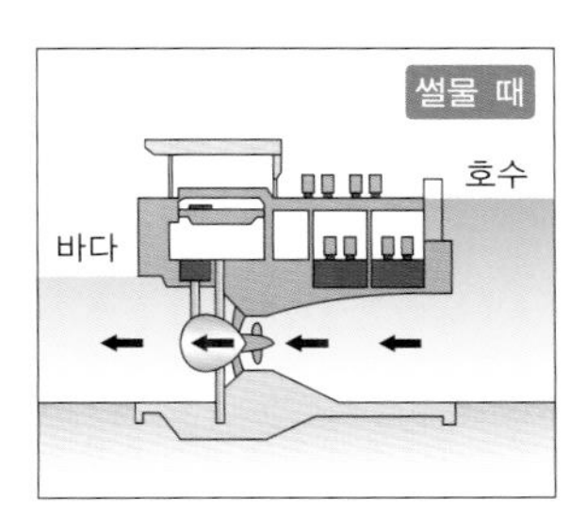

조력 발전의 원리

사회샘 맞아요, 조력 발전은 발전 과정에서는 재생 가능한 친환경 에너지이지만, 건설 과정에서 주변 환경에 큰 변화를 가져오기 때문에 늘 논란의 대상이 되어 왔어요. 이런 이유로 신재생 에너지에 조력 발전을 포함시키지 않는 나라들도 많은데, 우리나라는 포함시키고 있어서 이런 분류가 타당한 것인가에 대한 논의도 이루어지고 있어요.

오생태 게다가 해안 생태계 파괴와 어민들의 피해 등을 고려해 보면, 오로지 발전만을 목적으로 거액의 공사비를 들여 방조제를 건설하는 것은 대체 에너지 생산보다는 거대한 토목 공사 자체가 목적이라고 비판하는 사람들도 많이 있어요.

모의심

음……, 그럼 커다란 발전소를 짓거나 대규모 공사를 필요로 하는 에너지 발전 방식은 모두 다 문제가 되는 거 아닌가요?

오생태

네, 맞아요. 그래서 에너지의 유형 자체만이 아니라, 생산 방식과 발전소 건설 과정에서의 문제점에 대해서도 관심을 가져야 한다는 겁니다.

수력 발전도 재생 가능한 에너지라는 점에서 주목을 받았지만, 대규모 수력 발전소 건설에 들어가는 초기 비용이 크고 주변 환경을 변화시킨다는 점에서 조력 발전과 똑같은 문제를 가지고 있어요. 그래서 큰 댐을 필요로 하는 대(大)수력은 재생 가능 에너지 범주에서 제외하고 10MW 이하의 소(小)수력만 재생 가능 에너지로 간주하는 것이 세계적인 추세랍니다.

진단순 소수력이요? 에너지를 적게 만들어내면 무조건 소수력인 건가요?

오생태 단순히 출력 에너지만으로 나뉘는 개념은 아니에요. 환경에 큰 영향을 끼치는 대규모 댐 건설이 필요하지 않는 방식을 의미하는 거죠. 하천이나 저수지, 하수처리장 등 일정하게 물이 흐르는 곳에서 고성능의 저낙차 수력 발전기를 이용해 발전할 수 있거든요.

장공부

그런데 따지고 보면 주변 환경에 변화를 안주는 시설이 어디 있어요? 게다가 말 그대로 소수력이잖아요. 그렇게 적게 생산해서 에너지를 어디다 공급할 수 있겠어요? 사람들이 하루에 쓰는 에너지가 얼만데요.

오생태

맞아요. 그래서 **생산 방식만이 아니라 우리의 소비 방식도 함께 변화**해야 하는 거죠. 대량 생산은 대량 소비를 전제하고 있으니까요. 우리가 소비를 적게 한다면 에너지 생산을 소규모로 해도 문제가 없을 거고, 그럼 환경 파괴도 적어질 테니까요.

모의심 어쩐지 다시 처음의 가치관 이야기로 되돌아가는 기분인데…….

오생태 그렇게 느껴지는 것이 당연한 거예요. 사회구조나 과학 기술의 문제가 모두 가치관의 문제와 밀접하게 연관되어 있는 거니까요.

모의심 하지만 소비자가 대량으로 소비를 안 한다고 해도, 공장 기계를 좀 덜 돌린다 뿐 공장이 필요한 건 마찬가지 아닌가요? 에너지도 마찬가지예요. 어쨌거나 에너지를 안 쓰고 살수는 없는 거잖아요. 그럼 어떤 식으로든 발전 기계를 만들어야 하니까 환경 파괴를 안 할 수는 없죠. 그러고 보니 인간의 존재 자체가 환경에는 도움이 안 되는 것 같기도 하네요.

진단순 넌 뭐 또 그렇게까지 극단적으로 생각해? 우리도 동물들처럼 욕심 부리지 않고 필요한 만큼만 쓰고 살면 되는 거지.

오생태 

인간 존재 자체를 부정하는 건 지나치지만 의심이 학생 말도 일리가 있어요. 아무리 생태주의자라도 모든 것을 자급자족할 수는 없는 상황이고, 에너지를 안 쓰고 살 수도 없기 때문에 어느 정도 환경에 피해를 주게 돼요. 하지만 의심이 학생 생각과는 달리 생산과 소비 방식에서의 규모의 차이가 환경 보호에 미치는 영향은 결코 작지 않아요. 그런 면에서 저희 생태주의자들은 '소규모 친환경 기술'에 희망을 가지고 있어요.

모의심 **소규모 친환경 기술**이요?

오생태 네, 기술 문명의 도움을 전혀 받지 않고는 살기 어려운 상황 속에서, 우리가 어떤 기술을 선택해야 할 것인가에 대해 좀 더 이야기를 해 보죠.

소규모 에너지 생산과 소비로 친환경적인 삶이 실현 가능하다

사회샘 오생태 님, 대규모 생산 방식과 기술에 대한 대안으로 흔히 '적정 기술(Appropriate Technology: AT)' 이야기를 많이 하잖아요. 오생태 님이 말씀하시려는 것이 바로 이런 '적정 기술'인가요?

오생태 일반적으로 **적정 기술은 한 공동체의 문화, 정치, 환경적인 면을 종합적으로 고려하여 만든 기술**을 말합니다. 1966년 영국의 경제학자 슈마허가 개발도상국에 적합한 소규모 기술 개발을 위해 중간 기술 개발 그룹(현재 Practical Action)을 조직한 것이 그 시초라고 볼 수 있어요. 우리가 흔히 말하는 거대 기술, 첨단 기술보다는 환경에도 적합하고, 더 적은 자원을 투입하기 때문에 소규모 기술이라는 점에서는 비슷한 면이 많아요.

장공부 설명을 들으니까 거의 똑같은 것 같은데요. 무슨 차이가 있죠?

오생태 적정 기술은 개발도상국 주민들의 삶의 질을 개선하기 위한 것이라는 인식이 일반적이에요. 우리가 흔히 적정 기술이라고 하면 떠올리는 것들 있잖아요? 수동 물 펌프나 오염물질을 걸러내 식수로 만들어 주는 휴대용 정수기, 전기 없이 낮은 온도를 유지할 수 있는 항아리 냉장고, 페트병과 물을 이용한 전구 등등. 물론 그 자체로 꼭 필요한 기술들이고, 또 개발도상국에 많은 도움이 되고 있지만, 저희 생태주의자들은 소규모 친환경 기술의 대상을 개발도상국으로 한정하지 않기 때문에 구별을 할 필요가 있다고 느꼈어요.

휴대용 정수기(출처 : 크리에이티브 커먼즈)

항아리 냉장고(출처 : 크리에이티브 커먼즈)

또 많은 사람들이 개발도상국에 대한 원조 이미지와 결합하여 적정 기술을 열등하고 낙후된 기술로 생각하기 쉬운데, 그런 고정관념을 깨기 위해서이기도 하구요. 저희가 주장하는 기술의 핵심은 오히려 '**소규모 친환경 기술**'이라는 데 있기 때문에 최신 기술이라도 제작비나 유지비를 최소화하고 손쉽게 쓸 수 있으며, 환경 오염을 유발하지 않는다면 아무런 문제가 없는 거죠.

사회샘 음……, 슈마허가 처음에 '중간 기술(후에 '적정 기술'로 변화)' 개념을 제기할 때도 그런 의미를 담고 있지 않았을까요? 슈마허가 쓴 책 제목도 『작은 것이 아름답다』잖아요.

오생태 맞아요. 슈마허가 제안하는 것도 선진국의 거대 기술에 비해 작고 소박한 기술이죠. 하지만 두 가지 의도를 모두 담고 있다고 해도 어디에 강조점을 두느냐에 따라 의미가 달라지니까 구별이 필요하긴 해요. 지역 사정에 맞는 친환경 기술이라고 하면, 선진국에서는 대규모의 자본집약적인 친환경 기술을 만들어 쓸 수도 있겠죠. 대체 에너지를 개발한다고 대규모 공장을 설립할 수도 있을 거구요. 하지만 저희가 원하는 건 그런 모습은 아니거든요. 그래서 '소규모'라는 것이 매우 중요한 기준이 되는 겁니다.

모의심

그런데, 개발도상국도 아니고, 선진국에서 편리한 다른 기술을 두고 굳이 효율성도 낮고 불편한 소규모 기술을 사용해야만 하는 이유가 있나요? 에너지 소비량도 많을 텐데. 단지 환경에 더 도움이 되기 때문이라고만 하기엔 뭔가 설득력이 떨어지는 것 같아서요.

오생태 환경에 도움이 되는 건 물론이구요. 첨단 기술을 사용할 때 발생하는 불평등을 줄여 줌으로써 모든 사람들이 일정 수준의 삶의 질을 누릴 수 있게 만들어 주죠. 무엇보다도 기계에 종속되거나 소외되지 않음으로써 인간에게 더 많은 자유와 가능성을 열어줍니다. 그런 면에서 저는 생태주의자들이 주장하는 소규모 친환경 기술을 **'해당 기술을 사용할 때 개인의 자유가 확대되고, 환경이나 타인에게 가하는 피해를 최소화시키는 소규모 기술'**이라고 이야기고 싶어요.

4장

장공부 의의에는 충분히 공감하지만, 실제로 선진국에서 그런 기술을 사용하는 경우가 많이 있나요?

오생태 세계 최초의 에너지 자립 마을인 독일의 **윤데(Jühnde) 마을** 같은 경우는 지역의 가축 분뇨와 농작물 등의 바이오 자원만을 활용하여 열병합 발전을 해서 마을 주민들에게 전기와 난방열을 공급하고 있습니다.

장공부

거기에서 만드는 에너지만으로 주민들의 생활에 필요한 에너지가 충분히 충당되는 건가요?

오생태 네, 이제 정말 수업 시간이 얼마 남지 않았네요. 마지막으로 저희 생태주의자들이 제안하는 소규모 공동체가 어떻게 충분한 에너지 생산과 소비를 실현할 수 있는지 보여 드릴게요.

사회샘 에너지 생산과 소비 측면으로 구분해서 설명해 주시면 더욱 이해하기가 쉬울 것 같네요.

오생태 그러지요. 거대 자본에 의존하지 않고 소규모로 에너지를 생산할 수 있는 대표적인 방법은 여러분도 잘 알고 있는 태양광 에너지를 이용하는 겁니다. 태양열 집열판을 이용해서 가정에서도 충분히 에너지를 생산할 수 있는데요. 초기 비용이 많이 들긴 하지만 유지 관리 비용이 저렴해서, 전기세를 고려하면 5년 정도만 지나면 초기 비용을 회수할 수 있어요.

모의심

그렇게 해서 자기 집에서 쓸 정도는 만들어낼 수 있겠지만, 태양열을 모아서 커다란 공장을 운영하는 것도 가능할까요?

진단순 애플사에서 캘리포니아에 대규모 태양광 발전소를 짓는다던데, 가능하니까 시도하는 거겠지.

장공부 하지만, 생태주의자들은 규모가 큰 건 무조건 안 좋아하시니까, 아무리 태양광 발전소라도 큰 돈 들어가고 규모가 커지면 반대하실 걸. 오생태 님, 생태주의자들은 작은 마을 단위의 생산을 원하시는 것 아닌가요?

오생태 맞아요. 애플 같은 기업체에서 화석 연료보다 대체 에너지에 관심을 가지는 건 바람직하지요. 하지만 우리는 적은 비용으로 누구나 스스로 에너지를 만들어 사용할 수 있게 되어서, 모든 사람이 어떤 과정을 통해 에너지가 생산되는지 체험하고 무분별한 욕구를 통제할 수 있기를 원해요.

진단순 그런데, 태양열 말고는 다른 생산 방법은 없어요? 비 많이 오는 날 언제까지 하늘이 개기만을 기다리고 있을 수는 없잖아요.

오생태 태양열 외에도 동물의 배설물이나 곡물, 해조류, 나무, 농산물의 부산물 등을 이용해 만든 바이오 연료를 사용해서 에너지를 생산할 수도 있어요. 전에는 주로 개발도상국에서 많이 사용했었지만, 지금은 선진국에서도 사용량이 증가하고 있는 추세예요. 뉴욕타임즈에 따르면 현재(2015년 2월) 전 세계의 에너지 공급량 중 2.5%의 비중을 차지하고 있고, 스웨덴이나 핀란드 같은 나라들은 전체 에너지의 15% 이상을 바이오 연료를 통해 얻고 있거든요.

태양열 에너지(좌)와 풍력 에너지(우)를 사용하고 있는 모습

4장

사회샘

하지만 최근에는 바이오 연료가 오히려 환경 파괴를 초래한다는 비판도 많이 있던데요.

오생태 바이오 연료의 대표적인 자원이 곡물인데, 바이오 연료용 곡물을 재배하기 위해 산림이나 농지를 파괴하기도 하고, 나무나 삼림을 확보하는 과정에서도 문제가 생기기 때문에 비판을 받는 거죠. 그건 바이오 연료 자체의 문제라기보다는 그 자원을 어떻게 얻느냐의 문제인 것 같아요. 바이오 연료가 돈이 되기 때문에 자원이 되는 곡물을 심겠다거나, 주위의 나무를 대량으로 파괴해가면서까지 바이오 연료를 고집하는 것은 저희가 원하는 것이 아니에요.

그래서 아까부터 자꾸 가치관의 문제를 강조하는 건데, 기본적으로 '우리가 **왜** 바이오 연료를 사용하려고 하는가?'에 대한 고민이 필요한 거죠. 정말 자연을 보호하기 위해서라면 무리하게 주위 환경을 파괴하는 행동은 중단해야 한다고 봐요.

사회샘 이쯤에서 에너지 소비를 줄이는 방법도 좀 알려주세요. 사실 지금 당장 저희는 에너지 생산자보다는 소비자로서 살아가게 되니까요.

오생태 네, 알겠습니다. 에너지 소비를 줄이는 방법은 이미 여러분들도 잘 알고 있을 거예요. 방법을 모르는 게 아니라 다 알면서도 실천하기가 어려운 거죠. 그래도 대표적인 예로 겨울철 난방비를 줄이는 방법을 살펴볼까요? 여러분 집에서는 어떤 방법을 쓰나요?

장공부 저희 엄마는 창문에 뽁뽁이(에어캡)를 붙이시던데요. 그게 무슨 효과가 있을까……. 싶지만 의외로 효과가 크다고 하시더라구요.

진단순 이중창 설치는 기본이고, 단열필름 같은 걸 붙인 적도 있어요.

오생태 네, 모두 나름대로 에너지 소비를 줄이기 위해 노력을 많이 하고 있네요. 에너지는 만드는 것도 중요하지만, 기본적으로 과하게 사용하지 않는 게 중요하죠. 그래서 요즘엔 '**패시브 하우스**(passive house)'라는 개념이 점점 퍼져 나가고 있어요.

패시브 하우스

진단순 패시브 하우스요?

오생태 네, 각종 단열 공법을 이용해서 에너지 소비를 최소화한 건물을 말해요. 우리나라에는 한국도로공사 수원영업소가 대표적인 패시브 하우스인데, 외벽에 단열성이 뛰어난 제품을 써서 냉·난방비를 줄였고, 블라인드를 외부에 설치해 여름에 뜨거운 태양열이 유리를 통과하지 못하도록 했죠. 외벽 벽돌에 미세한 틈을 둬서 바람길을 만들어 온도 상승을 막구요.

모의심 그런데 그런 재료들을 써서 집을 지으려면 비용이 많이 들지 않나요?

오생태 우리나라는 패시브 하우스 공법이 비교적 최근에 도입되었기 때문에 공사비가 비싸서 아직 대중화가 되지는 못했어요. 하지만 유럽의 국가들은 패시브 하우스 개발에 적극적이에요. 특히 독일 프라이부르크 인근의 보봉(Vauban)이 대표적이죠. 우리도 점차 시간이 지나면 좀 더 나아질 거라고 생각해요. 장기적으로는 경제적으로도 이익이 되니까요.

장공부

좀 더 쉽게 에너지를 절약할 수 있는 방법은 없나요? 패시브 하우스는 용어도 낯설고, 당장 실천하기는 너무 어려운 것 같아요.

진단순 뭘 그렇게 고민하고 그래? 겨울에 보일러 안 켜고 내복 입고, 좀 덜 씻으면 되는 거 아닌가? 쓰레기 함부로 버리지 말고, 그까짓 거 뭐 일회용품 좀 덜 쓰고, 재활용할 수 있게 분리수거 잘 하고, 그러면 되는 거지 뭐.

모의심 단순이 이야기 들으니까 의외로 너무 쉽게 느껴지는데?

오생태 말은 쉽지만 꾸준히 실천한다는 건 어려운 일이에요. 자신의 일상을 곰곰이 돌아보면 제 말을 이해할 수 있을 거예요. 한두 번은 해 볼까? 하다가도 유혹이 너무 많잖아요. 지금까지 익숙해져 있던 것을 버린다는 건, 머리로 이해한다고만 해서 되는 게 아니거든요. 그런 점에서 시간을 내서라도 꼭 저희 생태 마을에 한번 들러주세요. 제가 백 번 이야기하는 것보다 직접 몸으로 느끼는 게 더 중요하니까요.

장공부 역시, 그러실 줄 알았어요. 지금까지 오생태 님이 하신 말씀을 들어 보면 생태주의자들은 단순히 환경을 보호하자는 것이 아니라, 인간과 자연을 바라보는 근본적인 관점을 바꾸자는 쪽에 가까운 것 같았거든요. 결과적으로 환경에도 도움이 되어야 하겠지만 에너지 생산과 소비, 삶의 방식을 바꾸게 됨으로써 그 과정에서 우리들이 직접 무언가를 느끼기를 원하시는 거죠?

오생태 장공부 학생 이야기를 들으니 여기까지 먼 길을 온 보람이 있다는 생각이 드네요. 우리는 비현실적이고 지나친 절제를 요구한다는 비판을 많이 받는데, 근본 생태주의자처럼까지는 아니어도, 그동안 우리가 자연에 대해, 그리고 우리들 자신에게 어떤 짓을 해 왔는지 한번쯤 생각해 보는 계기가 되었으면 좋겠어요. 저는 생태주의가 거기에서 출발하는 거라고 믿어요. 억지로 생태주의자가 되라고 강요한다고 해서 될 수 있는 건 아니잖아요. 그럼 오늘은 이만 하고, 저희 마을에 꼭 한번 놀러 오세요.

1. 인간 생활과 물

인간이 가장 많이 이용하는 자연자원은 물이다. 그런데 산업 사회가 발달하면서 공장, 발전소, 관개 시설 등에서 대량으로 물을 소비하게 되었다. 반면에 공장이나 도시의 오폐수로 인해 사람들이 안전하게 이용할 수 있는 깨끗한 물의 양은 점점 줄어들고 있어서, 최근에는 물 자원의 고갈이 전 지구적인 문제가 되고 있다.

1. 물 부족 현상이 심각한 지역(국가)을 찾아 지도상에 표시해 보고, 해당 지역이 가지고 있는 특징을 찾아보자.

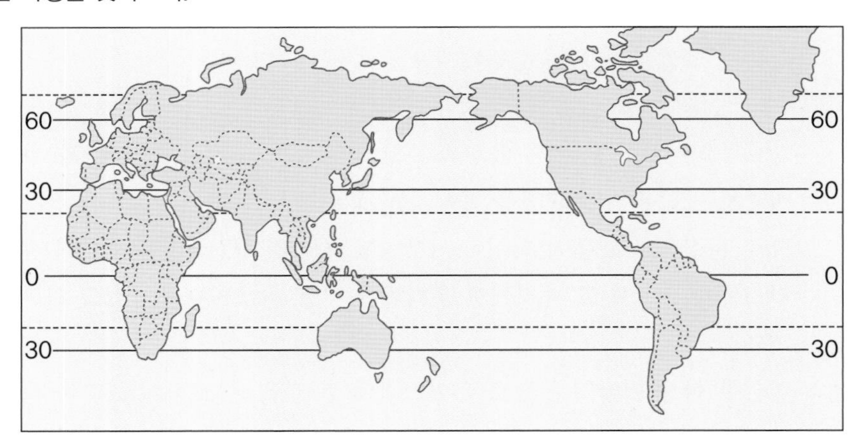

2. 전 지구적으로 물 부족 현상 또는 물 편중 현상이 심화되는 이유는 무엇인지 말해 보자.

3. 아침에 일어나서 잠자리에 들 때까지 얼마만큼의 물을 쓰고 있는지 직접 조사해 보고, 하루에 필요한 최소한의 물의 양을 계산해 보자. (몇 L의 물을 사용하는지 계산하기 어렵다면, '양치할 때 몇 컵' 등 구체적으로 쓴다. 음료수도 포함)

아침	식사, 마시는 물	
	양치질	
	화장실	
	세숫물, 샤워	
	기타	
점심	식사, 마시는 물	
	양치질	
	화장실	
	청소	
	기타	
저녁	식사, 마시는 물	
	양치질	
	화장실	
	세숫물, 샤워	
	기타	

2. 오래된 미래, 라다크로부터 배운다.

(가) 전통적인 라다크 마을에서 사람들은 자신들의 삶에 대해 많은 통제권을 가지고 있다. 그들은 멀리에 있는 융통성 없는 관료 체계와 변덕스러운 시장 체계에 의해 좌우되는 것이 아니라 매우 큰 범위까지 스스로 결정을 내린다. 이 인간적인 규모는 특정한 상황 속의 구체적인 욕구에 기초를 둔 자발적인 결정과 행동을 가능하게 한다. 여기서는 경직된 입법이 필요 없다. 그 대신 구체적인 상황에서 새로운 반응이 나온다.

(나) "짐승들은 친구가 됩니다. ㉠ 관계를 갖게 돼요. 짐승들이 특별히 일을 잘했거나 특별히 열심히 일을 했거나 하면 뭔가 특별한 것을 먹여줍니다. 기계와 같이 일을 하면 사람도 기계처럼 되어서 사람 자신이 죽어 버립니다."

(다) 전통경제에서 부의 차이가 있기는 했지만 부의 축적에는 자연스러운 한계가 있었다. 야크도 어떤 수만큼만 돌볼 수 있고, 보리도 어떤 양 이상은 저장할 수 없다. 그러나 돈은 쉽게 은행에 보관할 수 있고, 부자는 더 부유하게 되고, 가난한 사람은 더 가난해진다. 기술의 변화는 또한 부자와 가난한 자의 사이의 간격을 증대시킨다 ㉡ 자동차를 타고 휙 달려가는 사람은 걸어가는 사람들을 물리적으로나 심리적으로나 먼지 속에 남겨 둔다.

(라) 현대화의 결과로 나타나는 개별적인 변화들은 처음에는 아무런 조건 없는 발전인 것처럼 보인다. …(중략)… ㉢ 개발이 불러오는 파괴적인 영향이란 시간이 흐른 뒤 그간의 과정을 돌이켜보아야만 명확하게 알 수 있는 것이기 때문이다.

– 헬레나 노르베리 호지 저, 김종철 역, 『오래된 미래』, 녹색평론 –

1. 밑줄 친 ㉠과 ㉡의 문장의 의미를 해석해 보자.

2. 우리나라의 1960년대와 2000년대의 변화를 생각하며 밑줄 친 ㉢의 구체적인 내용을 상상해 보자.

4
장

3. (가)~(다)를 바탕으로 전통적인 라다크인들의 삶의 모습을 사회 구조, 가치관, 기술 면에서 그려 보자.

05

지속가능론자의 눈으로 본 화석 연료와 에너지 문제

"경제 성장과 환경 보호 둘 다 잡을 수 있어요."

경제와 환경? 타협이 필요해

진단순 그런데, 수업 듣다 보니 더 헷갈리기만 하는 거 있지. 도환경 님 말씀 듣다 보면 그 얘기가 맞는 것 같고, 오생태 님 말씀 듣다 보면 또 그 이야기가 그럴 듯하고……. 그런데 두 분 이야기는 완전히 달라서 교집합이라는 게 불가능해 보이기도 하고. 이렇게 다른 두 사람이 서로 함께 할 수 있을까?

모의심 그러니까 매번 싸우지. 달라도 너무 달라서 그 둘은 근본적으로 함께 하는 게 불가능해. 각자 자기 하고 싶은 대로 하고 사는 수밖에. 오생태 님은 욕구를 적절하게 자제하면서 동식물과 더불어 좀 불편하지만 정신적으로 만족하는 삶을 사시고, 도환경 님은 비용을 계산해서 그때 그때 합리적인 선택을 하면 되는 거야.

장공부 말이야 쉽지. 하지만 현실이 되면 그렇게 쉽게 말할 수 있는 문제가 아닌 것 같아. 실제로 환경 문제로 인한 갈등이 끊이질 않잖아. 배곧 신도시랑 송도 신도시를 연결하는 배곧 대교 건설도 송도 갯벌을 파괴한다고 인천시랑 시흥시랑 다투고 있지, 영흥 화력 발전소 7, 8호기 건설을 두고도 인천시랑 옹진군이 서로 갈등하고 있잖아.

환경 보호랑 경제적인 풍요 둘 중 어느 하나를 포기한다는 게 쉽지 않은 데다가 서로 다른 가치를 추구하는 사람들이 지금 동시대에, 같은 땅에 살고 있으니까 다툼이 끊이지 않지.

모의심 듣고 보니 그렇네, 하지만 두 마리 토끼를 다 잡는 건 무리겠지? 그런 방법이 있다면 왜 다들 이러고 있겠어?

장공부 두 마리 토끼를 완벽하게 다 잡을 수 있을지는 모르겠지만, 나는 두 사람의 교집합이 아주 없다고는 생각하지 않아. 생태주의자도 지나친 소비주의를 경계할 뿐이지 인간의 욕구를 부인하지 않고, 환경경제학자도 말 그대로 '환경'경제학자인 거잖아. 잘 생각해 보면 접점이 있을 것 같아. 어쨌든 두 사람 모두 환경을 보호해야 한다는 것에는 동의하는 거니까.

(사회샘 등장)

장공부

선생님, 단순이가 공부 다하고 나니까 어떻게 살아야 할지 더 헷갈린대요. 환경경제학이랑 생태주의, 두 입장 다 그럴듯하다나요.

진단순

하지만 둘 중 하나만을 택해야 한다면 자연에게는 미안하지만 저는 물질적인 풍요로움을 포기할 자신이 없어요.

모의심

두 입장을 섞어놓으면 이상적일 것 같은데……. 그런 건 없나요?

사회샘 여러분은 벌써 환경 문제에 대한 수업이 끝난 걸로 생각했나 보군요. 다행히 아직 끝나지 않았어요. 여러분들의 고민을 해결해 주실 분이 한 분 더 계시거든요.

진단순 아니, 선생님. 그게 뭐가 다행이에요. 저희는 고민 없는 걸로 할게요! 별로 큰 고민도 아니거든요.

사회샘 들어 보면 그런 말 안 할 걸요. 여러분의 고민을 없애 주기 위해 환경 보호와 경제 성장 둘 다 포기하지 않아도 된다고 말씀하시는 맞춤형 강사님을 모셨으니까요, 오함께 님.

(오함께 등장)

오함께

안녕하세요. 도환경 님과 오생태 님의 이야기를 비롯해 여러분의 생각 잘 들었습니다. 양 측 다 일면 일리가 있다는 것 인정합니다. 하지만 여러분도 느꼈다시피 이 두 입장에 대해서는 현실적으로 수용되기 어려운 측면이 있어요. 일단 오생태 님 입장에 대해서는 환경 보호라는 대의와 당위성은 공감하지만 실천 가능성 면에서 그런 삶을 살 수 있는 사람이 과연 몇 명이나 있을지 생각해 보면 적절한 대안이 아니라는 걸 쉽게 아실 겁니다. 반면 도환경 님 주장은 오늘날 많은 사람들이 이와 같이 생각하고 생활하고 있다는 점에서 현실적이라고 볼 수 있으나, 과연 우리가 경제적 비용을 가장 중요한 잣대로 삼고 살아야만 하느냐는 질문을 받을 경우 "그렇다"고 쉽게 대답할 수 있을까요?

진단순 그럼 어떻게 하자는 건가요? 오함께 님은 새로운 대안이 있으신 건가요?

오함께 네, 환경 보호와 경제 성장을 둘 다 포기하지 않아도 되기 때문에 양측의 갈등도 줄이고 공존할 수 있는 방법이 있죠. 그 핵심은 바로 '**지속가능한 발전**'과 이를 뒷받침하는 '**에너지 시스템**'에 있어요.

5장

장공부 혹시 대체 에너지 개발을 말씀하시는 건가요? 하지만 도환경 님은 대체 에너지 산업은 효율성이 떨어져서 현재로서는 기대할 것이 별로 없다고 하셨던 것 같은데요. 오히려 환경 오염 처리 산업이 더 비전이 있다고…….

오함께 환경 오염 처리도 중요하지만, 근본적으로 대체 에너지에 대한 관심과 지속적인 투자가 이루어지지 않는다면 환경 보호도 경제 성장도 모두 달성하기 어렵습니다. 도환경 님의 주장은 현재 비용 측면에서 대체 에너지가 비효율적이라는 데 초점이 맞춰져 있는데, 그래도 대체 에너지를 상용화하려는 시도를 지속해야 한다고 봐요. 그렇지 않으면 앞으로 화석 연료로 인한 문제가 심각해져도 그것에 계속 의존할 수밖에 없는 상황이 되겠죠.

진단순 음……, 잠깐만 들어 봐도 오함께 님은 오생태 님 편이신 것 같네요. 맞죠?

오함께 꼭 어느 누구 한 사람의 편이라고 하기보다는, 제 이름처럼 양 측에서 주장하는 가치를 모두 고려하는 중간자적인 입장이라고 해 두죠.

모의심 중간적이라는 건, 자기 주장이 모호하다는 건데…….

장공부 이런 오해를 풀어 주시기 위해서 오함께 님이 추구하는 가치를 한 마디로 말씀해 주실 수 있으신가요? 이장님은 '생태와 환경 보호', 도환경 님은 경제적 가치를 중시하지만 어쨌든 '친환경적인 경제 성장'이라고 할 수 있을 것 같은데……. 오함께 님은 무엇을 중시하시나요?

오함께 글쎄요……. 굳이 한 마디로 택해야 한다면, 저는 '지속가능한 발전'이라고 말씀드려야 할 것 같네요.

진단순

지속가능한 발전? 그건 경제 성장을 쭈욱 지속해야 한다는 뜻 아닌가요? 오히려 도환경 선생님보다 더 심한 경제성장론자이신 것 같은데…….

오함께 여기에서 '발전'은 '경제 성장'과 같은 말이 아니라, 좀 더 포괄적인 개념이에요. 지속가능한 발전 개념이 무엇인지 좀 더 자세히 알아보고, 어떻게 대안적인 에너지 시스템이 이를 가능하게 하는지 살펴보도록 해요.

지속가능한 발전, 과학기술의 발달로 가능하지 않을까?

나와 내 가족만이 아니라 다른 지역 사람들, 다음 세대에 대한 배려가 필요하다

오함

우선 여러분들에게 한 가지 질문을 할게요. 여러분은 생활하면서 환경 오염이 심각해졌다는 것을 절실히 느끼나요? 그로 인해 불편한 점을 경험한 적이 있나요?

진단순 그동안 잘 살고 있었는데, 수업 시간에 선생님께서 절실하게 느끼도록 만드셨죠. 미세먼지 때문에 축구 하러 나갈 수 없다고 하시면서…….

모의심 사실 저는 평소에는 잘 느끼지 못해요. 제 주변에는 아토피로 고생하는 친구들도 없고. 책이나 다큐멘터리 같은 데서는 무척 심각하다고 말하지만 솔직히 개인적으로는 절실하게 와 닿지 않거든요.

장공부

저도 지금 당장은 그리 심각하지 않은 것 같아요. 환경 문제에 대해 이야기하는 사람들도 대부분 미래에 대해 경고하는 거잖아요. 게다가 도환경 선생님 이야기까지 듣고 보니 객관적으로도 별로 심각하지 않은 것 같구요.

진단순

아니야, 난 그래도 영화 〈인터스텔라〉 보니까 좀 무섭던데……. 나중에는 지구를 떠나 새롭게 살 곳을 찾아야 할 수도 있잖아.

오함께 모두 솔직하게 이야기해 줘서 고맙습니다. 그리고 공부 학생이 중요한 점을 지적해 주었어요. 많은 사람들에게 환경 문제가 절실하게 내 문제로 와닿지 않는 건 바로 지금 당장 내 앞에 닥친 문제가 아니라고 생각하기 때문이죠. 북극곰 이야기도, 사막화가 되어 황폐해진 땅도 다 너무 머나 먼 이야기거든요. 공간적으로만 먼 게 아니라, 시간적으로도 먼 미래에 위기가 닥친다고 하니까요. 눈앞에 닥친 문제도 해결하기 바쁘고, 먹고 살기 바쁜데 언제 그런 것까지 신경 쓸 틈이 있겠어요? 당면한 경제적 문제가 큰 사람들에게 환경 보호란 배부른 사람들의 사치스런 말처럼 들릴지도 몰라요.

모의심

가끔은 정말 그렇게 들려요. 현실적으로 환경이나 건강, 삶의 질에 신경을 쓰려면 경제력이 뒷받침되어야 하니까요. 친환경 제품이 더 비싸잖아요. 농촌으로 들어가지 않고 도시에 남아 있을 경우 친환경적인 삶을 살려면 부자여야 할 것 같아요. 그런데 정작 환경 보호를 주장하는 사람들은 부자가 아니란 게 흥미로워요.

오함께 다양한 요인이 영향을 미치니까 부(富)를 기준으로 환경 보호론자를 구분하기는 어려울 것 같고……. 진짜 환경 보호에 가치를 두고 있느냐, 아니면 지구 전체의 환경 문제에는 별로 관심이 없지만 내 가족의 건강이나 우리 집을 둘러싼 환경 문제는 중요하게 생각하느냐에 따라 구분해서 살펴볼 수 있을 것 같네요. 많은 사람들이 환경 보호를 그리 절실하게 생각하지 않으면서도, 자신과 가족을 위해서는 친환경적인 제품을 소비하려고 하니까요. 전체 환경이 깨끗해지지 않은 상태에서 개인적으로 친환경적인 소비를 하려면 비용이 많이 들 수밖에 없겠죠.

장공부 그러고 보면 진정한 환경 보호는 우리가 서로를 별개의 인간으로 여기지 않아야 가능할 것 같아요. 나와 내 가족, 우리나라만 따로 떼어놓고 생각하는 순간 환경을 보호한다기보다는, '우리끼리만 건강하게 잘 살겠다'는 태도가 쉽게 생겨 버리는 것 같아요.

오함께 맞아요, 환경 문제의 심각성에 공감하고 관심을 가져온 많은 사람들도 그런 점을 고민했죠. 지금 우리는 풍요롭게 살고 있지만, 이렇게 계속 살면 다음 세대는 어떻게 되는 걸까? 우리끼리 잘 먹고 잘 살고 다음 세대에게는 황폐해진 땅을 그대로 물려 주어도 되는 걸까? 환경 문제로 고통받는 사람들에게 그건 너희 나라 문제니까 너희가 알아서 하라고 할 수 있을까? 바로 이런 고민에서 등장한 개념이 '지속가능한 발전'입니다.

지속가능한 발전이란 무엇일까?

진단순 그런 개념이 등장한 배경은 알겠는데, 무슨 뜻인지 잘 와 닿지 않아요. 좀 더 구체적으로 말씀해 주세요.

오함께 좀 더 정확히 말하면, 지속가능한 발전은 **"미래 세대의 욕구를 충족시킬 수 있는 능력을 위태롭게 하지 않으면서 현 세대의 욕구를 충족시키는 발전"**이라는 의미예요. 적절한 풍요로움을 유지하면서, 다음 세대까지 지속할 수 있는 환경을 만드는 거죠. 1987년 세계 환경 발전 위원회(World Commission on Environment and Development : WCED)가 〈우리 공동의 미래〉라는 보고서를 내면서 이러한 아이디어가 확산되었고, 1992년 리우 회의에서 공식적으로 채택되었는데, '환경 보호'를 주장하는 사람들과 '경제 성장'을 중시하는 사람들을 화해시키는 계기를 마련한 것으로 볼 수 있어요.

장공부

그런데 선생님! 아까 발전과 경제 성장이 다르다고 잠깐 언급하셨지만, 아무리 그래도 '지속가능한 발전'이라는 말은 경제 성장에 더 중점을 둔 것 아닌가 하는 생각이 들어요.

모의심

발전에 방해가 되지 않을 정도의 오염은 허용하겠다는 것인지, 깨끗한 자연환경을 지속하겠다는 건지, **'지속가능하다'는 말의 포인트가 어디에 있는 건가요?** 발전에 있는 건가요? 우리가 살고 있는 이 세계에 있는 건가요?

오함께 글쎄……. 여러분들의 말처럼 이 개념은 어느 쪽에 방점을 찍느냐에 따라 해석이 조금 달라지는 것 같아요. 'Development'라는 단어도 처음에는 '개발'이라고 번역해서 사용하다가 지금은 '발전'이라는 용어를 더 많이 사용하게 되었는데, 그런 용어 사용에도 미묘한 뉘앙스의 차이가 있거든요. 하지만 저는 **'우리가 살고 있는 이 세계의 지속가능성'**이라고 생각해요. 국제 연합 환경 개발 회의에서도 경제뿐 아니라 자연 자원을 포함해 생태계 전체가 지속가능할 것을 요구한다고 밝혔고, 무엇보다 지속가능한 발전이 추구하는 두 가지 원칙을 고려한다면 그런 해석이 적절한 것 같아요.

장공부 그 두 가지 원칙이 뭔데요?

오함께

하나는 환경이 갖는 부양 능력의 한계를 인식하는 **지속가능성(sustainability)의 원칙**, 또 하나는 현 세대와 미래 세대 간의 차등 없는 욕구 충족이라는 **형평성(equity)의 원칙**이에요. 세대내(국가 간, 계층 간, 성별) 형평성뿐 아니라 세대 간 형평성을 모두 고려하는 거죠.

진단순 환경의 부양……, 능력……? 무슨 말이 이렇게 어려워요 선생님. 좀 쉽게 설명해 주세요.

5장

오함께 우선, 지속가능성 측면에서는 두 가지 의미를 갖고 있다고 볼 수 있어요. 첫째, 에너지를 사용할 때 환경에 끼치는 부정적인 영향을 최소화하려고 노력해야 한다는 것, 둘째로는 에너지가 지속적으로 안정되게 공급될 수 있어야 한다는 겁니다.

첫째 조건에 따르면 화석 연료가 아니라 대안적이고 친환경적인 에너지 생산이 이루어져야 하겠죠? 그리고 둘째 조건에 따르면 에너지가 단기적으로는 합리적인 가격에 안정적으로 공급된다 하더라도 유한한 에너지원, 지역의 경계를 넘어서는 에너지원에 의존하게 될 경우 장기적으로는 공급의 지속가능성을 충족시키지 못하게 되니까, 재생가능하고 지역 내에서 안정적으로 공급할 수 있는 에너지원이 필요하게 되는 거죠.

장공부 그러니까 환경에 유해한 온실 가스를 배출하고, 게다가 유한한 에너지원인 화석 연료, 우리나라에서 한 방울도 나오지 않는 석유라는 에너지원에 의존하면 지속가능성을 상실하게 되는 거군요!

진단순 역시 장공부, 네가 예를 들어 정리해 주니까 금방 이해가 된다.

모의심

저는 형평성의 의미도 조금 모호하게 느껴지는데요. 형평성의 원칙이라는 말은 미래 세대가 쓸 수 있는 에너지를 남겨 두면 된다는 의미인가요? 만약 그런 거라면 우리가 마음껏 쓰고 기술 개발을 잘 해서 다음 세대의 몫을 유지시키기만 하면 되는 거잖아요. 그럼 도환경 선생님 말씀처럼 화석 연료의 에너지 효율을 높이는 방법을 연구하는 것이 더 나은 거 아닌가요?

오함께 에너지 효율을 높이는 것도 한 가지 방법이 될 수는 있겠죠. 하지만 형평성의 의미를 좀 더 넓게 볼 필요가 있을 것 같아요. 즉, 에너지 사용으로 얻는 편익과 비용이 지구에 살고 있는 구성원 모두에게 고루 배분되어야 한다는 것, 그리고 그때의 구성원은 현세대 인류로만 한정해서는 안 된다는 거죠.

진단순 그게 그 말 아니에요? 똑같은 말인 것 같은데…….

오함께 음……. 똑같은 말처럼 들리나요? 그럼 이렇게 생각해 보죠. 석유 같은 화석 연료처럼 에너지를 특정한 집단이나 지역에서 권위주의적인 방식으로 통제하게 된다면 어떻게 될까요? 에너지를 사용하는 지역 주민의 의견이 배제될 거고, 에너지 생산과 소비가 분리되어 사회적·환경적 편익과 비용이 지역별, 사회 계층별, 세대별로 차별적으로 배분될 가능성이 커요. 그러니 화석 연료를 사용하면서 에너지 효율을 높이는 건 현 세대 내의 형평성을 높이는 데 별로 기여하지 못하고, 오히려 차별을 더 심화시킬 가능성이 큰 거죠.

장공부

화석 연료는 매장되어 있는 지역이 몇 군데 지역으로 한정되어 있으니까……. 확실히 형평성과는 거리가 먼 것 같아요. 게다가 석유 생산으로 인한 이득은 산유국이 주로 갖게 되고, 그로 인해 발생하는 환경 오염의 비용은 가난한 나라의 국민들이 부담하는 경우가 많으니까요.

오함께

그렇죠! 물론 궁극적으로 환경은 서로 서로 영향을 주기 때문에 선진국이나 산유국이라고 해서 환경 피해로부터 자유로울 수는 없겠지만, 1차적으로 먼저 피해를 입는 것은 가난한 나라, 지리적으로 특정한 국가의 국민이니까요.

진단순 이익은 남이 갖고 피해는 내가 입고 뭐 그런 거죠? 그거 너무 불공평하네요. 그런데 지속가능한 발전을 하면 그런 문제가 해결된다는 건가요?

오함께 단순이 학생의 기대치가 어느 정도인지는 잘 모르겠는데, 지속가능한 발전을 추구한다고 세상의 모든 문제가 해결되지는 않아요. 하지만 저는 대체 에너지 개발을 통해, 더 넓게는 에너지 시스템을 바꿈으로써 좀 더 평등하고 지속가능한 발전이 가능하다고 믿어요.

친환경 대체 에너지 개발을 통해 지속가능한 발전이 가능하다

장공부

그런데 선생님께서 말씀하시는 대체 에너지는 뭘 말씀하시는 건가요? 저희가 알고 있는 거랑 같은 건가요? 태양열, 풍력, 수력 같은…….

오함께

네, 맞아요. 좀 더 정확히 말하면 **재생 가능 에너지(renewable energy)**라고 할 수 있죠. 자연에서 얻어 재생산이 가능하고 고갈될 위험이 없는 친환경적인 에너지를 말하는 거죠.

진단순

그런데 그런 에너지 개발은 현재로선 너무 비효율적인 거 아닌가요? 그런 걸로 전세계인들이 에너지를 사용한다는 건 너무 비현실적이잖아요.

사회샘 그게 늘 지적되는 문제였는데, 사실은 그리 비효율적이지도 실현 불가능한 것도 아니란 것을 보여 주기 위해 오함께 선생님을 도와줄 또 한 분을 모셨어요. 먼 길 오셨으니까 반갑게 맞이하고 잘 들어 주세요.

이번에 모실 분은 『3차 산업 혁명』, 『노동의 종말』 등을 저술한 미국의 경제학자이자 미래학자 제레미 리프킨 님입니다. 지난 10년간 메르켈 독일 총리, 사파테로 스페인 전 총리 등을 포함해 유럽 연합의 공식 자문을 맡기도 하셨어요. 우리나라에도 여러 차례 방문해서 강연을 하셨는데, 화석 연료에 기반한 경제는 높은 비용으로 점차 퇴보되고 신재생에너지 중심으로 향하게 될 거라는 주장을 펴고 계십니다. 자, 그럼 리프킨 님! 나와 주세요.

(리프킨 등장)

리프킨 안녕하세요. 한국에는 여러 차례 방문했지만, 이렇게 어린 학생들을 대상으로 강의를 하게 될 줄은 몰랐네요. 어쨌거나 반갑습니다. 먼저 한 가지 질문을 할게요.

경제학자이자 미래학자, 제레미 리프킨(Jeremy Rifkin, 출처 : 크리에이티브 커먼즈)

여러분은 왜 재생 가능한 에너지가 비현실적이라고 생각하게 되었나요?

진단순

다들 비현실적이라고 말하니까요. 아까 도환경 님도 그렇고.. 아직은 때가 아니다……. 뉴스 같은 데서도 그런 이야기를 많이 들었거든요. 제가 생각해도 태양열 같은 걸로 모두가 다 쓰기에는 무리인 것 같고…….

모의심

아직도 많은 국가들이 석유나 천연 가스가 매장된 곳을 찾으려고 하고, 그것 때문에 분쟁이 일어나기도 하잖아요? 화석 연료가 지속가능성이 없고, 대체 에너지가 현실성이 있다면 그 사람들은 왜 그렇게 석유를 찾으려고 혈안이겠어요? 재생 가능한 에너지를 쓰기에는 뭔가 어려움이 있으니까 그런 것 아닌가요?

리프킨 물론 그런 국가들이 있죠. 화석 연료가 주도하던 시대가 끝나가고 있다는 것을 아직 모르는 사람들, 아니면 인정하고 싶지 않은 사람들이 여전히 존재합니다. 그들이 다수라는 것은 지구에 사는 생명체의 일원으로서 매우 안타까운 일이구요.

모의심 그 많은 사람들이 화석 연료가 고갈될 거라는 사실을 모를 것 같지는 않은데……, 왜 인정하고 싶어 하지 않는 거죠? 빨리 인정하고 시대 변화를 따라가는 게 낫잖아요.

리프킨 하하, 그게 곧 힘의 문제니까 그렇겠죠? 석유가 형평성을 충족시키지 못하지만, 오히려 그렇기 때문에 우위를 점하고 있는 사람과 집단들이 있는 거니까요. 환경 문제도 정치나 권력 관계와 무관하지 않아요. 아니, 오히려 핵심에 있죠.

저는 내일 당장 지구상의 모든 화석 연료가 고갈될 거라고 말하는 게 아니에요. 당분간 계속 생산될 거고, 어쩌면 그 당분간이 일반적으로 예상한 것보다 길어질 수도 있지만, 어쨌거나 그 양은 줄고 가격이 오른다는 것은 분명한 사실이죠. 그런 석유에 의존하는 이상 '에너지 독립'은 그야말로 난센스예요. 천연가스? 중국의 석탄? 캐나다의 타르 샌드? 미국의 셰일가스? 결국은 다 비슷해요. 그런 에너지원을 가진 나라의 힘만 강해지는 거죠.

장공부 저는 요즘 환경 보호 게임에 빠져 있는데요. 게임 속에서는 나무도 빨리 자라고, 공장도 태양열이나 풍력 에너지를 이용하는 건물로 금방 바꿀 수 있거든요. 하지만 현실에서는 그게 얼마나 가능할지 의문이에요. 우리 주변에는 아직 그리 흔하지 않으니까요. 리프킨 님은 뭔가 확신을 가지고 말씀하시는 것 같은데, 그런 근거나 예를 좀 더 자세히 말씀해 주실 수 있으신가요?

리프킨 물론이죠! 저와 함께 일해 왔던 선도적인 지도자들이 그걸 증명해 줄 겁니다. 그런 사례를 중심으로 제가 생각하는 대안적인 에너지 체계에 대해 좀 더 자세히 이야기하도록 하죠. 우선 여러분들이 쉽게 떠올리는 태양열, 풍력, 수력 등과 같은 에너지를 어떻게 수집하느냐의 문제부터 살펴보겠습니다. 많은 사람들이 그런 에너지가 친환경적이라는 것을 인정하지만 그걸 수집하려면 거대한 발전소 같은 걸 세워야 하고, 막대한 비용이 들 거라고 생각해요. 하지만 우리가 살고 있는 가정, 회사 건물 등 주변의 모든 것이 미니 발전소가 된다고 상상해 보세요. 지붕에서 쏟아지는 태양광, 외벽에 부딪히는 바람, 가정에서 흘러나오는 하수, 건물 아래에 있는 지열

등 모든 것이 에너지원이 될 수 있죠.

장공부 미니 발전소요?

리프킨 네, 발전소라고 하니까 좀 낯설지만. 여러분도 **넷 제로(net zero) 에너지 주택**이라는 말을 들어봤을 거예요. 대표적인 사례가 프리토레이(Frito-Lay)라는 감자칩을 생산하는 회사예요. 애리조나 카사그란데에 있는 프리토레이 공장은 태양광 장치를 통해 공장에 필요한 에너지를 수급하거든요. 스페인 아라곤에 있는 GM 자동차 공장도 마찬가지예요. 이 공장은 지붕 위에 10메가와트를 생산할 수 있는 태양광발전 시설을 설치했는데, 이게 무려 4,600개 가정에 전기를 공급할 수 있는 양이거든요.

모의심

지붕에 그 정도로 집열판 같은 걸 설치하려면 비용이 꽤 많이 들 텐데요. 회사나 가정에서 그런 걸 감수하려고 할까요?

리프킨

초기 비용은 7,800만 달러였는데, 지금 추세로 본다면 10년 안에 전액 회수 가능할 거라고 봐요. 물론 처음에 비용이 든다는 건 인정해요. 만약 한 도시 전체의 모든 건물을 이런 식의 미니 발전소로 만든다면, 초기 비용은 꽤 들겠죠. 하지만 우리가 지출하는 전기 요금, 그 전기를 생산하는 데 드는 화석 연료로 인한 환경 비용, 사회적 격차로 인한 불만 등을 모두 고려한다면 미니 발전소를 건설하는 비용은 결코 큰 게 아니라는 걸 알게 될 거예요.

순수하게 전기세만 놓고 봐도 10년이면 그 비용을 모두 회수할 수 있을 걸요? 전기요금도 절약하고, 환경도 깨끗하고, 세계의 에너지 시장이나 가격 변화로부터도 자유로워질 수 있다니, 이런 게 1석 3조 아닐까요?

사회샘 음……, 그건 리프킨 님 말씀이 맞을 거 같아요. 당장 서울시만 봐도 '**에코 마일리지**'라는 제도를 통해서 에너지 절약 가정, 재생 에너지 생산 가정에 경제적인 인센티브를 제공해서 효과를 얻고 있거든요. 가정의 입장에서 보면 에너지를 아끼니까 전기세도 줄이고, 마일리지도 얻고, 1석 2조인 거

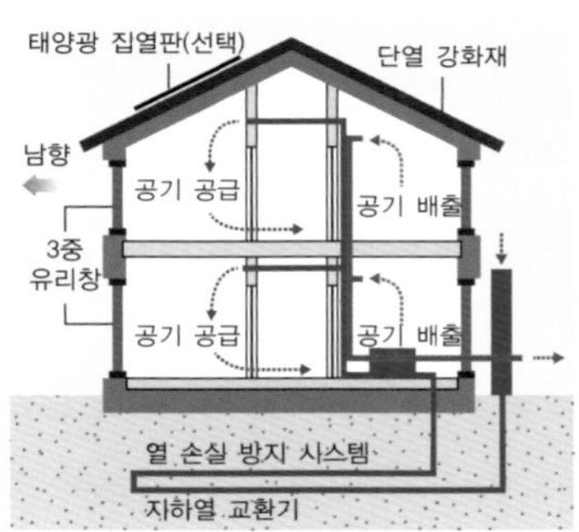
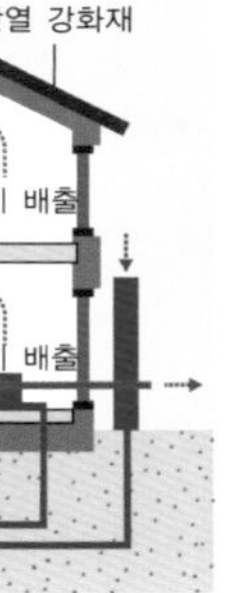

지붕 위에 설치한 태양열 집열판

태양집열판(출처 : 크리에이티브커먼즈)

죠. 그 정도면 처음에 약간 비용이 드는 걸 충분히 받아들일 수 있을 거 같은데요? 게다가 환경을 지키고 있다는 뿌듯함도 함께 생기잖아요.

진단순 에코 마일리지? 그게 뭐예요?

서울시 에코 마일리지 제도

에코마일리지란 에코(eco, 친환경)와 마일리지(mileage, 쌓는다)의 합성어로 전기, 수도, 도시가스의 사용량을 6개월 주기로 체크하여 절약한 만큼 마일리지 형태로 쌓아 인센티브를 제공하는 시민 참여 프로그램이다.

게다가 서울시는 정부 주택지원사업과 연계해 태양광 태양열 연료전지 등 신재생 에너지 설비 설치에 대해 40만~120만 원의 보조금을 지원한다.

사회샘 **정기적으로 에너지 사용량을 체크해서 에너지를 적게 사용한 가정에 마일리지를 제공**하는 거예요. 그리고 태양광 같은 재생 가능한 에너지 설치할 때에도 정부에서 보조금을 지원해 주는 거죠 .

오함께

덧붙이자면, 아까 도환경 님께서는 환경 오염 처리 산업이나 친환경 소재 산업이 갖는 경제적 효과를 강조하셨는데, 사실 대체 에너지 산업이 훨씬 더 많은 효과를 가져올 수 있어요.

리프킨 맞습니다. 2008년에 저는 이탈리아 시칠리아섬의 주지사와 함께 그 지역의 건물들을 미니 발전소로 만드는 안을 논의했어요. 시칠리아는 일사량이 매우 풍부하거든요. 당시 연구 결과, 앞으로 20년간 시칠리아 건물들의 지붕 중 6퍼센트만 태양광전지판을 설치해도 1,000메가와트의 전기를 만들어 낼 수 있다는 결론이 나왔어요. 1,000메가와트 정도면 시칠리아 주민 1/3에 전기를 공급할 수 있는 양이에요, 게다가 이런 작업 과정에서 건축, 엔지니어링 회사 등이 36,000개나 생겨나 40억 유로 이상의 시장이 창출될 수 있다고 하니, 거시적으로 보면 고용 효과도 매우 큰 거죠.

장공부

하지만 시칠리아라고 해서 늘 햇빛이 쨍쨍한 건 아니잖아요. 그럼 비오는 날이나 흐린 날은 어떻게 되는 거예요?

진단순

맞다, 풍력도 바람이 늘 세게 부는 게 아니잖아요. 자연까지 불평등하다니 조금 슬프지만, 이건 어떨 수 없는 거 아닌가요?

리프킨 물론 늘 햇볕이 쨍쨍하지는 않죠. 날씨에 따라 에너지 공급이 달라진다면 흐린 날이 많은 영국이나 벨기에 같은 나라들은 큰 일 날 거예요. 비가 오면 바로 정전이 될 테니까요.

진단순 음……. 생각해 보니까 비가 많이 오는 나라들은 빗물을 받아서 수력 발전을 하면 될 거 같기도 하네요.

모의심

그 정도가 되려면 며칠이고 계속 폭우가 쏟아져야 하지 않을까? 그런 것보다 돈을 저축하는 것처럼 햇볕이 많은 날 남아도는 에너지를 저장했다가 나중에 필요할 때 꺼내 쓸 수 있다면 좋겠어요. 그런데 그건 불가능하겠죠? 석유나 석탄은 형태가 있으니까 저장을 해 둔다지만, 태양열을 어떻게 저장하겠어요?

리프킨 아니에요, 처음부터 불가능하다고 생각할 게 아니라 가능성을 찾아봐야 죠. 저희도 저장 문제에 관심을 갖고 오랫동안 다양한 저장 기술을 연구한 결과 **수소를 저장 매체로 사용**하는 게 가장 유용할 거라는 결론을 내리게 되었죠.

장공부 수소라구요?

리프킨 네, 태양은 수소들의 핵융합반응을 통해 에너지를 발산합니다. 태양에서 나오는 빛으로 지구의 생명체들은 에너지를 얻으며 살아가죠. 또한 수소는 생명의 근원인 물을 만드는 원료입니다. 결국 수소는 모든 생물의 에너지원이라고 볼 수 있죠. 게다가 수소에너지는 수소 형태로 에너지를 저장하고 사용할 수 있도록 한 대체 에너지이며, 연소시켜도 산소와 결합하여 다시 물로 변하므로 배기가스로 인한 환경 오염의 염려가 없다는 장점을 가지고 있습니다.

진단순 수소가 어디에 있는데요?

리프킨 수소는 지구상의 풍부한 천연자원에서부터 동물의 분뇨에 이르기까지 다양한 원료로부터 생산할 수 있을 뿐만 아니라, 지구의 3분의 2를 덮고 있는 물로부터 얻을 수 있어서 가장 풍부한 에너지원이라고 할 수 있어요. 더욱이 공기 중에서 연소하면 물과 열만을 생산하기 때문에 무엇보다도 지속가능한 청정 에너지로서 많은 관심을 끌고 있죠.

하지만 자연 상태에서는 대부분 순수한 수소가 아닌 수소 화합물로 존재하기 때문에 이를 연료로 사용하기 위해서는 석탄이나 탄화수소 같은 다른 연료를 사용하거나 물을 전기 분해시켜 얻어야 해요. 아마 고등학교에 가서 전기 분해라는 화학실험을 하게 되면 제 말이 조금 이해가 되실 거예요. 순수한 수소를 확보한 후 산소와 함께 연소하여 열을 발생시키거나 연료전지(Fuel Cell)를 이용할 수 있는데요. 수소 1kg를 산소와 결합하면 35,000kcal의 에너지가 방출되는데, 같은 질량의 휘발유와 비교했을 때 3배에 가까운 에너지예요.

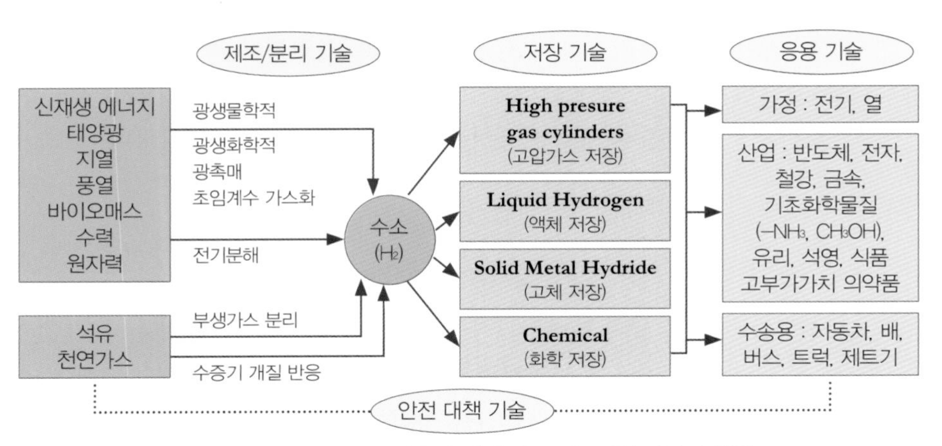

수소 에너지 변환 및 응용(출처 : (사) 한국 신 · 재생 에너지 협회)

장공부 그렇게 쉽게 구할 수 있고 친환경적인데 수소 에너지라고 하니 왜 이렇게 낯설게 느껴지는 거죠?

리프킨 현재 전 세계적으로 생산되는 수소는 대략 연간 450억kg 정도인데, 대부분 산업용으로 사용되고 있어서 익숙하지 않을 수 있어요. 환경부에 따르면 2017년 국내 연간 수소 생산량은 210만 톤이지만 아직까지도 에너지원으로서의 사용 가능성에 대해 끊임없이 의심받고 있고, 주로 화석 연료로부터 추출한다는 점에서 친환경성 측면에서도 문제가 제기되고 있죠.

모의심 그런 문제 제기가 있는데도 수소 에너지가 특별히 대안이라고 생각하시는 이유가 특별히 있나요?

리프킨 최근 유가 상승으로 인해 탈석유에 대한 요구가 더욱 커졌고, 수소를 연료로 사용하는 수소 연료 전지 자동차 개발의 필요성이 다시 부각되기 시작했어요. 화석 연료나 바이오 연료를 사용하는 내연기관 자동차에 비해 전기를 이용하는 자동차의 경우는 에너지 저장 시스템이 중요한데, 전기보다는 수소 연료 전지가 무게나 부피 면에서 훨씬 유리하기 때문이에요.

진단순

석탄이나 석유, 천연가스 같은 다른 화석연료에서 수소를 추출할 수 있는 건 알겠는데……. 태양열을 어떻게 수소로 저장할 수 있죠?

리프킨 지붕 위 태양광 전지판에 햇빛이 내리쬐면 전력이 생산되죠. 이때 필요 이상의 전력이 생산될 경우 남은 태양열 에너지는 물을 전기 분해하는 과정에 사용함으로써 수소를 생성해 저장하는 거예요. 그렇게 저장한 수소는 태양이 비치지 않는 흐린 날 다시 연료 전지를 이용해 전력으로 전환할 수 있죠.

장공부 태양열로 만들어진 잉여 에너지를 수소로 전환하면 수소가 친환경적이 아니라는 논란(현재까지 대부분 화석 연료를 이용해 생산하여 그 과정에서 이산화탄소가 배출)도 잠재울 수 있겠네요.

리프킨 맞아요. 제가 원하는 것도 바로 그런 거죠. 그래서 각국 정부들이 좀 더 장기적인 관점에서 지속적으로 투자하길 바라고 있어요.

모의심

하지만 바람의 세기나 햇볕의 양 면에서 지역 간 형평성이 부족하다는 건 화석 연료랑 다를 바가 없는 것 같은데요. 잉여 에너지를 저장해서 흐린 날 쓸 수 있는 건 맞지만, 그건 그 지역에만 해당되는 거잖아요. 그런 재생 가능한 에너지가 부족한 지역, 바람도 별로 안 불고 그렇다고 주변에 바다가 있는 것도 아니고, 햇빛이 비치는 날도 거의 없는 지역은 어떻게 해야 하나요?

진단순 아까 힘의 논리라고 하셨잖아. 환경도 정치야. 결국 대체 에너지를 많이 저장해 놓은 나라가 힘을 가지는 거지.

모의심 그런 말은 원래 내가 하는 건데, 오늘따라 단순이 너 좀 진지하다?

진단순 내가 평소에 말을 안 해서 그렇지 나름 비판적인 사고를 가진 사람이라고……. 아, 그런데요. 정말 저장해 놓은 에너지가 없는 나라들은 어떻게 해요?

리프킨

그래서 **집중이 아니라 분산, 소유가 아니라 공유라는 가치를 기반으로 한 에너지 네트워크**가 필요한 거죠. 이건 기술적인 문제이기도 하지만 동시에 사회 구조적인 문제이기도 해요.

분권화와 공유라는 주제로 지속가능한 사회 구조에 대해 이야기해 보면 의심이와 단순이 학생의 질문에 대해 답변이 될 수 있을 거 같아요. 이건 다시 오함께 님께로 바톤을 넘기도록 할게요.

지속가능한 발전이 이루어지는 사회는 어떤 모습일까?

에너지 생산과 사회 구조의 분권화를 위해서도 대체 에너지 개발이 필요하다

오함께 아래 표를 한번 보세요. 석유 생산이 특정 국가에 집중되어 있죠?

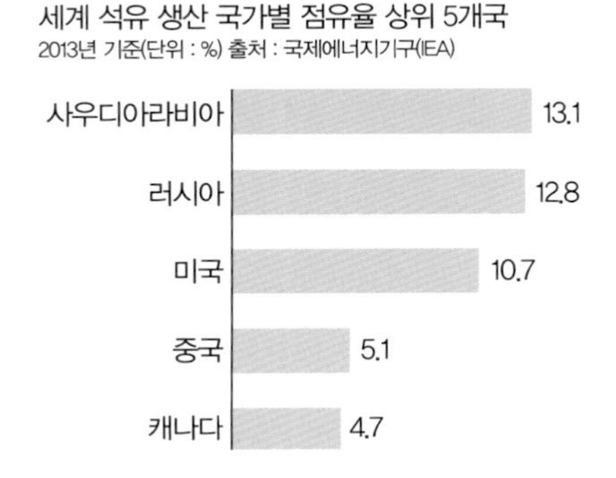

석유, 석탄, 천연가스와 같은 화석 연료는 특정한 장소에서만 생산되기 때문에 엘리트 에너지라고 불려요. 이런 화석 연료를 안정적으로 확보하고 이용하려면 상당한 군사적 투자와 지정학적 관리가 필요하죠. 게다가 지하에 매장된 화석 연료를 채굴하여 동력원으로 사용하려면 엄청난 규모의 자본이 요구되고 중앙 집권적인 하향식 지휘 통제 구조가 유리해요. 석유 사업은 세계에서 가장 규모가 큰 사업이고, 또 이제까지 인류가 구상했던 것 중에서 에너지 수집과 가공, 유통에 가장 많은 비용이 소요되는 사업이에요.

모의심 석유를 대체할 다른 자원을 개발하면 되지 않나요? 꼭 재생 가능한 에너지가 아니어도 말이에요, ……. 나라들마다 뭐 하나씩 정도는 있을 거 아니에요, 안 그런가요?

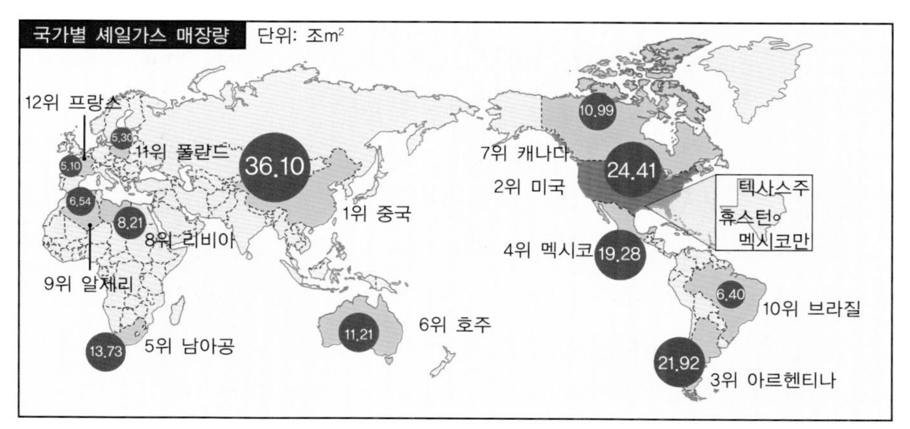

국가별 셰일가스 매장량(자료 : 미국 에너지정보청(EIA 2011)

오함께

물론 자원의 종류가 매우 다양해지고, 에너지원으로서의 가치도 비슷해지고, 전 세계 모든 지역에 고르게 분포되어 있다면 이야기가 달라질 수도 있을 거예요. 하지만 안타깝게도 현재로서는 자원의 부익부 빈익빈이 더 심해지고 있는 것 같아요. 대표적인 게 셰일 가스죠. 셰일 가스 매장량은 1위가 중국, 2위가 미국이에요. 에너지 권력이 분산되는 것이 아니라, 오히려 미국의 단일 패권주의가 강화될 위험이 있는 거죠.

진단순

그래서 문제가 되는 게 정확히 뭔가요?

장공부

아까부터 계속 강조하신 형평성의 문제가 생기겠지. 소수가 부와 권력을 독점하는 구조니까. 에너지 가격도 그들 마음대로 조정할 테고, 그로 인해 다른 국가들의 경제가 좌우되는 거고, 석유 파동의 사례를 보면 알 수 있잖아.

오함께 그렇습니다. 환경경제학자들은 효율성을 위해 규모의 경제를 유지하고 대규모의 생산과 소비를 촉진시켜야 한다고 하지만, 권력의 집중과 부의 독점은 오히려 안정과 성장을 방해할 위험이 큰 거죠. 그리고 아무리 에너지 효율성을 높이고 기술을 개발한다고 해도 생산과 소비를 무한히 촉진시키는 현재와 같은 흐름이 지속된다면 환경 피해로 인한 비용이 더 커질 것이기 때문에 결과적으로 효율적이라고 보기도 어려워요.

진단순 몇 년 전에 검색 순위에 자주 올랐던 '만수르'라는 사람도 석유 재벌이라고 들었는데, 정말 어마어마하더라구요. 개그 프로그램에서도 패러디했잖아요. '억수르~'라고. 만수르의 서민 체험 같은 게 웃음거리로 떠도는데, 그런 거 보면 어쩐지 허탈해져요. 나랑 완전히 다른 세계에 살고 있는 사람 같다고 할까…….

부의 대명사가 된 국제석유투자회사 회장, 만수르(출처 : 크리에이티브커먼즈)

모의심

그런 사람들이 있는 반면 아직도 수 억 명의 사람들이 극심한 빈곤에 시달리고, 전기를 사용할 수 없는 상태에 있으니 확실히 문제가 있는 셈이지. 인공위성에서 찍은 지구의 야경 사진을 보면, 에너지 사용의 지역차를 분명하게 알 수 있잖아.

인공위성에서 찍은 지구의 야경

오함께 네, 이런 식의 에너지 구조는 불평등을 심화시켜요. 세대 내, 세대 간, 지역 간 불평등 등 모든 불평등을 극대화시키죠. 사회 구성원 누구나 기본적인 삶의 필요를 충족시킬 수 있도록 에너지가 배분되어야 하는데, 에너지의 효율적 공급에만 관심을 둘 경우 가난한 사람들의 기본적 필요를 충족시킬 수 있는 에너지의 역할은 소홀하게 다루게 되는 거죠.

진단순

그런데, 석유든 셰일가스든 천연 자원이 많은 건 어떻게 보면 운이 좋은 거잖아요. 우연히 그 땅에 묻혀 있던 걸 찾은 거니까. 나눠 가지면 좋겠지만, 나눠 갖자고 하면 저라도 안 줄 것 같은데……, 어쩔 수 없는 문제 아닌가요? 그 땅에 묻혀 있는 자원을 어떻게 분산시킬 수 있어요? 불가능한 거 아닌가요?

오함께 물론 땅에 묻힌 석유나 석탄, 천연가스 같은 것은 분산하기가 어려워요. 그래서 재생 가능한 에너지의 개발이 더욱 중요한 과제인 거죠. 리프킨 선생님이 제안하는 대체 에너지는 **집중이 아니라 '분권'**을 가능하게 할 수 있어요. 분권이 이루어진다면 가난한 나라의 국민들도 저렴한 가격에 에너지를 이용할 수 있게 될 거고 형평성이라는 가치를 달성할 수 있게 되는 거죠. 동시에 자원을 가진 강대국에게 종속되는 걸 줄일 수 있죠. 초창기에 리프킨 선생님이 이런 이야기를 하고 다니면 '사기꾼'이나 '몽상가' 소리를 듣거나 문전박대를 당하기 일쑤였지만, 지금은 많은 사람들이 뜻을 같이 하고 있으니 전망이 밝다고 봐요.

장공부 맞아요, 유럽의 많은 정치인들뿐만 아니라, 심지어 석유 산업으로 재벌이 되었던 록펠러 가문조차 화석 연료 산업에 대한 투자를 줄이고 재생 가능한 대체 에너지에 대한 투자를 늘리고 있다는 기사를 읽은 적이 있거든요. 그 기사를 읽고 뭔가 미래가 밝다는 느낌이 들었어요.

이것은 상호 분리나 고립이 아니라 공유를 통해서만 가능하다

오함께 우리 사회가 좀 더 평등하고 민주적이기 위해, 그리고 개인이나 각 국가가

5장

독립성을 확보하기 위해 에너지의 분권이 필요하고, 또 이를 위해서는 재생 가능한 대체 에너지 개발이 필수적이라는 점은 모두 이해했을 거예요. 하지만 이때 가장 큰 문제가 되는 게 에너지 공급의 안정성 문제, 그리고 재생 가능한 에너지조차 지역 간 차이가 있지 않느냐는 거예요. 그런 문제를 해결하기 위해서는 **개인, 지역, 국가, 대륙 간에 에너지 자원을 공유하는 시스템**이 필요해요.

모의심

하지만 아까 선생님께서 환경 문제가 정치고 권력 싸움이라고 했잖아요. 그런데 사람들이 자기 것을 공유하려고 하겠어요?

오함께 네, 물론 그런 측면에서 어려움도 있을 수 있죠. 그래서 처음에 장공부 학생이 말한 것처럼 진짜 환경 문제를 해결하고 싶다면, 우리가 스스로를 이웃 사람들, 다음 세대의 사람들, 다른 나라의 사람들과 별개인 존재로 생각해서는 안 된다는 거예요.

우리는 모두 연결되어 있고, 인간답게 살아가기 위해서는 기본적으로 일정 정도의 에너지가 필수적이죠. 이런 가치가 확산된다면 에너지 공급의 안정성 문제를 훨씬 더 쉽게 해결할 수 있고, 어쩌면 그런 건 아무 문제가 안 될 수도 있어요.

장공부

그런데 그런 마음을 먹었다고 해도 어떻게 에너지를 공유하나요? 에너지를 많이 가진 나라가 적은 나라에게 그냥 주면 되는 건가요?

오함께 지역과 지역을 연결하는 네트워크만 잘 구축되어 있다면 한 지역에서 에너지가 부족할 때 다른 지역 에너지를 가져다 쓸 수 있어요. 여기가 생태주의자와 저희 입장이 갈라지는 지점이기도 하죠. 저는 소규모 공동체에서 자체적으로 에너지를 생산하더라도, 기후나 자연 재해 등 예상치 못한 변수에 적절하게 대응하기 위해서는 대륙 간에 에너지를 공유하는 네트워크가 필요하다고 생각해요. 그래서 생태주의자들이 주장하는 소규모 기술보다는 조금 더 큰 기술이 요구되기도 하는 거죠.

진단순 이야기를 들어도 상상이 잘 되지 않아요.

오함께 음……, 혹시 여러분 중에 '스마트그리드'라는 말을 들어본 사람 있나요?

학생들 스마트그리드요? 잘 모르겠는데요.

오함께 **스마트그리드**(Smart Grid)**란 기존 전력망에 정보통신기술을 접목하여 공급자 및 수요자가 양방향으로 실시간 전력정보를 교환함으로써 에너지를 절약할 수 있도록 하는 전력 인프라**를 말해요. 아래 그림을 보면 좀 더 이해가 쉽게 되겠죠?

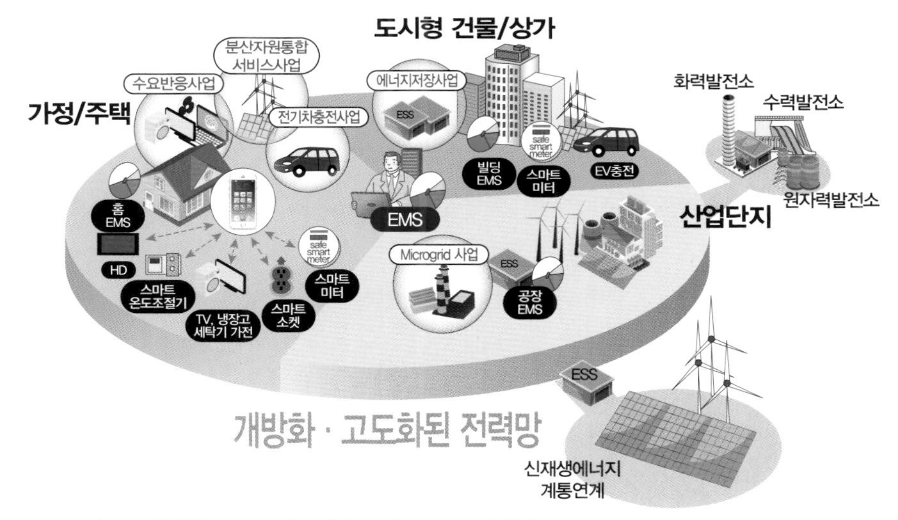

스마트그리드를 적용한 모습(자료 : 한국스마트그리드사업단)

진단순 와, 뭔가 근사해 보이는데요! 스마트……, 뭐? 이거 하려면 소비자도 똑똑해야 하는 건가요?

모의심 단순아, 너는 미래 사회에는 맞지 않는 인간형인 거 같다.

진단순 뭐야? 설마……, 이 지능형 소비자가 지능이 뛰어난 소비자를 의미하는 건 아닌 거죠?

오함께 네……, 그런 건 아니니까 걱정 말아요.

진단순

그런데, 이 스마트…… 그리드가 에너지 공유 네트워크랑 무슨 상관이 있어요?

오함께

이게 바로 에너지 공유 네트워크니까요. 2005년부터 스마트그리드를 창출한다는 이야기가 있었지만, EU나 회원국에서 이를 받아들이는 데는 어려움이 많았어요. 하지만 IBM이나 지멘스, GE 등은 기존의 동력 그리드를 정보 에너지 네트워크로 바꾸는 준비를 해왔어요. 가정과 사무실, 차량, 공장이 서로 지속적으로 소통하며 에너지 사용 정보를 공유하고, 전력 사용량을 조절하는 거죠.

장공부 그럼 가정에서 에너지를 많이 사용하고 있어서 에너지가 부족하다고 인식되면 알아서 불이 꺼지고 뭐 그런 건가요?

오함께 그리드 내 에너지 사용량이 최고 수준에 다다르면 가정 내 세탁기 헹굼 과정을 한 차례 건너뛰라는 지시를 내리는 것과 같은 거죠. 제가 상상하는 대로 수백만 개의 빌딩이 현장에서 재생 가능한 에너지를 만들어 내고, 잉여 에너지를 수소 형태로 저장한 후 인터그리드 상에서 다른 사람들과 공유한다면, 화석 연료나 원자력 에너지에 의존하지 않고도 얼마든지 친환경적인, 지속가능한 발전이 가능할 거예요.

진단순 현재 이런 기술이 많이 사용되고 있나요?

오함께 세계 스마트그리드 시장이 급격히 성장할 것으로 전망되고 있고, 2007년부터 2030년까지의 전 세계 전력 분야 투자비용은 13.6조 달러로 예상되고 있어요. 그중 스마트그리드 시장 규모는 약 693억 달러(연평균 19.9% 성장 예상), 미국의 스마트그리드 시장 규모만도 약 214억 달러(연평균 14.9% 성장 예상)에 달하죠. 스마트그리드는 전력과 충전은 물론 통신, 가전, 건설, 자동차, 에너지 등 산업 전반과 연계되어 큰 파급효과가 기대되고 있기 때문에 미국뿐만 아니라 EU, 일본도 이에 대한 투자를 확대하고 있는 상황이에요.

〈세계 각국의 스마트그리드 사업 현황〉

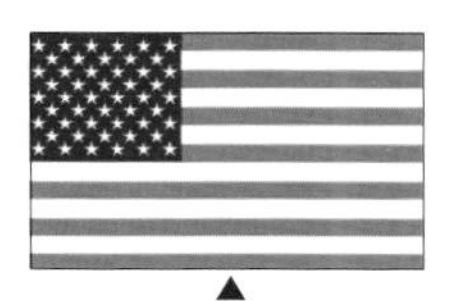	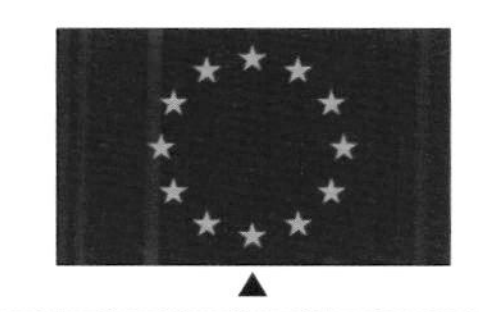	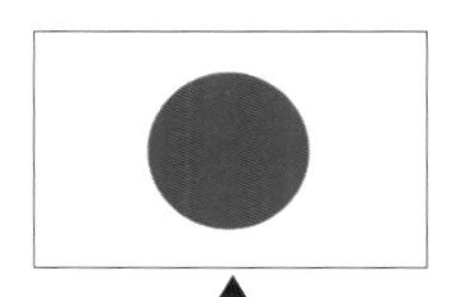
에너지 안보 확보 및 노후 전력망 현대화를 통한 경기부양	**신재생에너지 보급 확대및 회원국 간 전력 거래 활성화**	**태양광 에너지 보급 확대를 위한 실증사업 역점**
▷ 2003년, 「Grid 2030」를 통해 국가비전 발표 ▷ 2008년, 시범도시를 지정하여 스마트 계량기 5만 개 및 전기차 600대 보급 ▷ 2009년, 「경제회복 및 재투자법」에 따라서 기술개발 및 실증 등에 45억 달러 투자	▷ 신재생 에너지 보급 및 회원국 간 전력 거래 활성화 ▷ 2006년, 「Smart Grid Vision & Strategy」 발표 ▷ 2008년, 스마트그리드 5대 전력 연구 분야 및 6대 우선 구현 분야 선정	▷ 2030년까지 태양광 발전량 목표를 100GW로 설정 ▷ 2007년부터 태양광 발전 확대를 위한 실증사업을 전국 10개 섬에서 추진 ▷ 2009년 기술개발 로드맵 수립 착수, 향후 10년간 200억 엔 규모 기술개발 진행

(출처 : (재)한국스마트그리드사업단)

5장

진단순 잘 모르겠지만, 뭔가 대단한 프로젝트가 진행되고 있는 것 같아요!

모의심

하지만, 아직 상용화가 되려면 시간이 더 필요한 건 사실인 거 같네요. 그리고 이런 게 실현 가능하다고 해도 힘의 논리가 지배하는 사회에서 기술 강국들이 이런 걸 공유하려고 할지도 여전히 의문이에요.

오함께 맞아요, 현실적으로는 그런 문제가 장애물로 남아 있죠. 그래서 저도 오생태 님처럼 결국 가치관의 문제로 돌아가서 마무리를 해야 할 것 같군요. 저는 경제도 성장시키고 환경도 보호하자는 중간적인 입장이라고 이야기했지만, 제가 생각하는 경제 성장은 환경경제학자가 이야기하는 성장과는 조금 다르거든요. 그 이야기를 들으면 기술과 에너지 공유 네트워크가 국제 사회에서도 가능할 수 있다는 희망을 갖게 될 거라고 믿어요.

지속가능한 발전을 위해 우리가 추구해야 할 가치는 무엇인가?

경제 성장과 번영을 구분하자

오함께 지금까지 제가 이야기한 지속가능한 발전이 가능하기 위해서는 세대 간, 세대 내 형평성이 보장되어야 하고, 서로 다른 지역 간의 에너지 공유가 전제되어야만 해요. 하지만 '과연 사람들(혹은 국가)이 그런 선택을 하려고 할까, 특히 지속적으로 경제 성장을 이어나가고 자기 이익을 확대하려고 한다면 '평등이나 공유'보다는 '지배와 소유'를 추구하는 것이 더 자연스러운 것 아닐까?'라는 의문이 드는 거죠. 여러분들이 문제를 제기한 것도 그런 맥락이라고 생각해요.

모의심 네, 맞아요. 만약 오함께 님이 오생태 님처럼 경제 성장보다 생태계 보호를 절대적으로 우선시하는 분이셨다면, 이런 의문은 덜 가졌을 거예요. 하지만 경제 성장도 포기하지 않는다는 중간적인 입장을 택하셨기 때문에, 더욱 이런 문제에서 벗어날 수 없는 것 같아요.

오함께

여러분들처럼 많은 사람들이 '지속가능한 발전'의 가능성에 대해 의문을 제기하죠. 용어 사용도 그런 혼란을 가중시키는 것 같은데, 저는 제 입장을 성장이라고 하지 않고 '번영(prosperity)'이라고 하는 것이 좋겠네요. 여기에서 '번영'은 단순히 1인당 평균 GDP로 대표되는 경제성장과는 다른 개념이라는 것을 분명하게 하고 싶어요.

진단순 그 둘이 어떻게 다른데요?

오함께 곰곰이 생각해 보면 '지속 가능성'과 '형평성'은 기존의 경제 성장이라는 관념 하에서는 달성하기 어려운 목표라는 걸 알 수 있을 거예요. 어떻게 보면 서로 상충되는 목표지요. '거대 자본의 지배와 끊임없는 경쟁'을 통해 GDP를 늘려 나가는 것은 규모의 경제 논리처럼 오히려 평등하지 않을 때 더 잘 달성되는 경향이 있으니까요. 그리고 그런 식의 성장은 결국 환경의 지속가능성을 차단하죠.

장공부

그럼 정확히 말해서 생태주의자의 입장과 환경경제학자의 입장을 반반씩 취하신 것도 아닌 거네요. 경제 성장도 포기하지 않는다고 하셨지만, 환경경제학자가 말하는 성장과는 의미가 다르다고 하시니까요.

오함께 네, 그렇습니다. 제가 말하는 **'번영'은 '경제 성장'만이 아니라 사회, 문화, 정치 등 다양한 측면에서 더 나은 삶**을 의미해요. GDP가 아무리 증가해도 정치적으로 권위주의적이고 비민주적인 사회를 보고 "발전했다, 번영했다"고 말하지는 않아요. 소수의 부자들이 대부분의 부(富)를 소유하고 노동자들이 억압받는 불평등한 사회 구조 하에서 경제 지표는 더 높이 올라갈 수 있지만 그런 사회를 더 나아졌다고 말할 수는 없겠죠. 돈이 많아도 안전하지 않고 기본적인 인권이 보장되어 있지 않은 사회라면 그 역시 마찬가지구요. 그런 점에서 '번영'은 물질적 성장을 넘어 총체적인 삶의 질 향상을 추구하는 것이라고 할 수 있어요.

5장

모의심

음, 번영과 성장의 차이는 알겠는데요. 그런 식의 번영을 추구하면 에너지를 공유할 수 있게 되나요? 그런 번영의 이득을 자기 혼자 누릴 수도 있는 거잖아요. 강대국이라면 그렇게 하기가 더 쉬울 거구요.

오함께 그 전에 저희가 추구하는 지속 가능성이나 형평성의 범위를 한 국가 이내로 너무 좁혀서 생각하지는 말아달라고 부탁하고 싶어요. 환경 문제는 국경을 넘어서는 문제이고, 이때 형평성은 당연히 다른 나라의 구성원들과 다른 세대들까지 포함하는 넓은 의미니까요. 그리고 의심이 학생의 질문에 답하자면, 우선 '번영'은 나 혼자만 잘 산다고 되는 게 아니에요.

총체적인 삶의 질 측면에서 본다면 나의 번영은 다른 사람의 번영과 서로 연관되어 있습니다. 나 개인이나 개별 국가의 일이 잘 되어 간다고 해도, 다른 사람들이 부정의와 고통 속에서 비참한 삶을 살고 있다면 완전히 행복할 수는 없을 거니까요. 더구나 오늘날처럼 모든 것이 서로 밀접하게 연관된 상황에서는 더더욱 그럴 거구요.

모의심 오함께 님은 인간이 기본적으로 동정심과 이타심을 가지고 있다고 전제하시고 말씀하시는 것 같네요.

오함께 네, 저는 기본적으로 인간, 그리고 그들 안에 있는 선의(善意)를 믿어요. 하지만 여기에서 우리가 성악설이냐 성선설이냐를 두고 논의하는 게 핵심은 아닌 것 같네요. 음, 말 그대로 가치관의 문제이니만큼 사실이 어떠하냐는 잠시 논외로 해 두지요. 오늘은 우리가 지향해야 하는 삶에 대해 초점을 두겠습니다.

장공부 그러니까 한 인간의 행복이나 번영이 다른 사람의 행복이나 번영과 무관하지 않다, 그래서 다른 사람들이 파괴된 환경이나 에너지 부족으로 인해 고통 받는 것을 보고만 있어서는 안 된다……. 그런 말씀이신 거죠? 그런 면에서는 연대를 강조하는 생태주의자들과 무척 비슷한 것 같아요.

오함께 맞아요. 경쟁과 소유보다는 연대와 공유가 저희 목표에 더욱 가깝죠. 그런 점에서 생태주의자들의 주장에 상당 부분 공감해요.

모의심

하지만 번영을 하기 위해 물질적인 측면에서 경제 성장이 필수적인 것은 맞지 않나요? 그럼 다른 나라보다 더 많이 팔아야 하고, 경쟁에서 이겨야 하는 거잖아요.

오함께 일정 정도 수준까지는 경제 성장이 번영을 위해 필수적인 요소가 맞습니다. 그래서 지난 세기 내내 세계 대부분의 나라들이 GDP 증대에 혈안이 되어 있었지요. 하지만 지금은 상황이 조금 달라요. 물론 아직도 기본적인 필요를 해결하기 어려울 정도로 가난한 나라의 경우에는 GDP 증대가 중요한 목표가 될 수 있겠지만, 부유한 선진국에 그와 동일한 논리가 적용될 수는 없어요.

사실 일정 수준을 넘어서면 경제적인 부와 삶의 질은 크게 관련이 없다는 연구 결과도 있고, 인간이 끝없는 경제 성장과 무한한 욕망을 추구하는 것 자체가 삶의 궁극적인 목표가 될 수는 없으니까요. 만약 그런 것을 추구한다면 그 결과는 파국이죠. 제한된 시스템 안에서 무한히 성장한다는 건 물리적으로 불가능하고, 생태계 파괴와 사회 부정의를 기반으로 한, 소수를 위한 성장만으로는 문명사회를 더 이상 지탱할 수 없기 때문이에요. 그런 면에서 특히 이미 일정 궤도에 올라선 선진국들이 성장에 대한 생각을 바꿀 필요가 있습니다.

모의심 그 말씀은 일정 이상의 소득을 가진 선진국들은 더 이상 경제 성장을 추구하지 말아야 한다는 말처럼 들리는데요.

오함께 좁은 의미의 경제 성장을 추구하는 건 그만 두어야 한다고 생각해요. 성장을 넘어선 번영을 추구하는 것이 더 바람직하죠.

성장을 넘어선 번영을 추구해야 한다

오함께 1인당 GDP가 얼마 이상이어야 한다고 단정할 수는 없지만, 일정 수준 이상이 되면 번영은 물질적 측면과는 무관하게 됩니다. 『성장 없는 번영』이라는 책을 쓴 팀 잭슨은 일정 수준의 경제 성장이 달성되면, 그 이후의 번영은 건강과 행복, 사람들과의 관계, 사회에 대한 신뢰에 의해 좌우된다고 주장했는데 일리가 있다고 봐요.

장공부 그런데 구체적으로 어떻게 해야 사람들이 더 건강해지고, 행복해지고, 사회에 대한 신뢰가 높아지는 건가요? 모두 다 좋은 말인데, 구체적으로 어떤 것이 실현되어야 그런 상태가 되는 건지는 잘 모르겠어요.

오함께 이 부분에 대한 설명은 저보다 다른 분이 더 잘 하실 것 같아서, 개인적으로 한 분을 더 초대했습니다. 경제학자이지만, 비물질적인 가치를 추구하시는 매우 인간적인 분이시죠, 아마르티아 센 선생님 나와 주세요.

(센 등장)

센 안녕하세요. 만나서 반갑습니다.

진단순 '쎈'이라고 하셔서 성격이 강한 캐릭터인줄 알았는데, 의외로 인상이 아주 좋으시네요.

센 오랜 시간 공부하느라 지쳤을 텐데 이렇게 환영해 줘서 고맙습니다. 여러

5장

분의 행복을 위해 핵심만 간단히 전달하도록 노력하겠습니다.

진단순 와아, 역시 이해심이 많고 마음이 넓으신 분이시네요. 감사합니다!

아마르티아 센(Amartya Sen)(출처 : 크리에이티브커먼즈)

센 네, 우선 흔히 사람들이 번영에 대해 가지고 있는 생각을 살펴보면서 시작하겠습니다. 첫 번째는 번영이 '부유함'이라는 것, 번영이 물질적 만족과 관련이 있다고 믿는 데서 비롯된 생각이 있습니다. 하지만 '많을수록 좋다'는 생각이 틀렸다는 건 경제학자들도 인정하는 부분이죠. 재화의 한계 효용 체감의 법칙을 받아들이고 있으니까요.

진단순

한계 효용 체감의 법칙이요? 그게 뭔데요? 뭐든 많으면 좋은 거 아닌가요?

장공부

너 배고플 때 빵 하나는 꿀맛이잖아. 근데 많이 먹어서 배가 터질 것 같은데 또 먹으라고 주면 어떨 것 같아?

진단순

그건 완전히 고문이지. 가끔 우리 엄마가 그런다니까. 배불러 죽겠는데 자꾸 먹으라고 안겨 주셔.

센

장공부 학생이 예를 잘 들어줬어요. 단순이 학생, 많다고 무조건 좋은 게 아니라는 말 이제 알겠지요? 좋기는 커녕 오히려 더 고통스러워지기도 하죠. 충분히 먹었는데 자꾸 먹으면 건강도 나빠지고, 기분도 불쾌해지니까 이런 걸 바람직하다고 할 수는 없을 거예요.

진단순 첫 번째는 이해가 되었어요. 그럼 두 번째는 뭔가요?

센 두 번째는 번영을 '효용'으로 보는 거예요. 양이 아니라 질, 상품이 가져다 주는 만족을 번영이라고 보는 거죠. 그런데 양은 객관적으로 규정할 수 있지만, 만족은 사회적 분위기의 영향도 받고 심리적 요소라서 측정이 어렵다는 문제가 있어요. 게다가 상품으로 인한 만족은 직선적으로 비례하지도 않죠. 이런 '효용' 개념은 삶에 대한 만족이나 행복을 충분히 설명해 주지 못한다는 한계가 있어요.

모의심 부유함도 효용도 아니라면 또 뭐가 남아 있나요?

센

오늘 제가 중점적으로 이야기하고 싶은 것은 바로 세 번째, 번영을 **'사회적으로 필요한 일을 할 수 있는 역량과 자유의 확대'**라고 보는 입장이에요.

저는 번영을 이야기할 때 우리가 물어야 하는 질문은 "1인당 GDP가 얼마예요?"가 아니라 "사람들의 영양 상태는 좋은가요? 질병에 걸리지 않도록 보호받고 있나요? 공동체 생활에 참여할 수 있나요? 오랫동안 건강하게 생존하나요? 보람 있는 직업을 찾을 수 있나요? 삶의 활력을 유지할 수 있나요? 학교 교육을 받을 권리가 잘 보장되고 있나요? 원한다면 지인과 친구들을 자유롭게 찾아갈 수 있나요?"와 같은 것이라고 생각합니다. 이런 것들을 할 수 있는 능력과 자유가 있어야 번영한 사회라고 할 수 있는 거죠. 이를 한 마디로 요약하면 **'자기실현(flourishing) 능력'**이라고 할 수 있을 것 같군요.

모의심 다 좋은 이야기인 것 같지만, 결국 개인이 원하는 건 뭐든 다 할 수 있는 자유가 있어야 한다는 것 아닌가요? 그런 식의 자유는 가능하지도 바람직한 것 같지도 않은데…….

센 좋은 지적입니다. 저는 모든 자유를 다 허용해야 한다는 입장은 아니에요. 오히려 추상적인 의미에서 자유를 확대하라고 하는 건 위험하죠. 어떤 종류의 자유는 불가능할 수도 있고 부도덕한 경우도 있기 때문에 한계가 필요해요.

5장

장공부

불가능하거나 부도덕한 자유는 어떤 걸 말씀하시는 거예요?

센 물질적인 재화를 끊임없이 축적하려는 자유, 약자의 노동력을 착취하면서 사회적으로 인정받으려는 자유, 생태계를 파괴하면서 일자리를 창출하는 자유는 부도덕한 거죠. 저는 그런 모든 것까지 다 인정하는 극단적인 자유 지상주의자는 아니랍니다.

모의심 그런데 어느 정도가 부도덕한 건가요? 한계가 필요하다고는 하지만, 그 기준이 모호하다는 문제가 남아 있어요.

센 그래서 저는 추상적인 자유가 아니라, 잘 살아가기 위한 '제한된 능력'의 범위로 그 한계를 정했어요. 이렇게 정한 이유는 첫째 생태자원의 유한성을 고려해야 하고, 둘째 세계의 인구 규모를 고려해야 하기 때문이에요. 지속가능한 번영은 이러한 한계를 고려하지 않고서는 불가능하거든요. 이러한 한계 속에서 자기실현은 지구를 공유하는 이웃 사람들의 권리와 미래의 후손들과 다른 종들의 자유에 의해 제한될 수밖에 없어요. 결국 **번영은 "세대 내의 측면과 세대 간 측면을 모두 고려"해야 하는 것이고, 애초에 이야기했던 형평성이라는 가치를 추구할 때만 가능한 것**이 되죠.

장공부 그렇게 제한한다면 개인의 자유와 자기실현의 범위는 줄어들 수밖에 없을 것 같네요. 그렇게 될 경우 우리가 누릴 수 있는 자기실현은 어떤 것이 있나요?

센 뭐라고 단정 지어서 말씀드리기는 어렵지만, 여러 학자들의 주장에서 공통적인 요소들을 찾을 수 있을 것 같아요. 옆의 표에 제시된 내용들을 보면, 몸과 마음의 건강, 교육과 민주주의에 대한 권리, 신뢰와 안전, 소속감, 관계를 맺고 보람 있는 일자리를 갖고 사회생활에 참여하는 능력이 공통적으로 중요한 요소로 꼽히고 있어요.

가장 중요한 인간능력(누스바움)	UN 인간개발지수
– 삶(일반적인 수명만큼 살 수 있기) : 건강 – 신체의 온존함(폭력적인 공격에 대응하여 안전을 도모할 수 있는 능력, 성적 만족과 재생산의 문제에 대한 선택권 갖기) – 실천적인 이성(좋은 삶에 대한 개념을 형성할 수 있는 능력) – 소속되어 있음(다른 사람들과 함께, 그리고 그들을 위해서 살기) – 놀이, 주변 환경에 대한 통제	– 실질국민소득 (구매력 평가, 빈곤층 비율 등) – 기대 수명 (인구 당 의사 수, 보험, 의료, 위생 시스템) – 교육 수준 (성인 문맹률, 취학률 등) – 고용 – 환경

(출처 : 팀 잭슨 저, 전광철 역, 『성장없는 번영』, 착한책가게)

결국 우리의 과제는 이러한 요소들과 관련하여 모든 사람들이 기본적인 권리를 보장받을 수 있는 조건을 갖추는 것이라고 할 수 있어요. 그러기 위해서는 자유 시장 경제의 논리보다는 삶의 사회적, 물질적 조건들(심리적 건강과 활기찬 공동체 등)을 더욱 세심하게 고려할 필요가 있는 거죠. 이 점에서 환경경제학자들과 저희는 확실히 입장이 나뉘어져요.

모의심

저희도 센 님께서 환경경제학자와 입장을 달리 하신다는 건 이제 분명히 알것 같아요. 하지만 생태주의자와는 어떻게 다른가요?

오함께 그건 제가 말씀 드리지요. 우리가 사회적, 심리적 요소들을 강조하는 것은 맞지만 그렇다고 권리 축소와 희생에 바탕을 두고 번영에 대한 전망을 마련해야 한다고 하는 것은 아니거든요. 물론 저희도 비합리적인 소비주의와 물질만능주의는 경계해야 한다고 생각하지만 생태주의자들처럼 어려운 요구를 하지는 않아요. 생태주의자들은 스스로가 금욕주의자가 아니라고 하겠지만, 제가 보기에는 금욕적이거든요. 저희는 단지 현재로도 물질적 풍요는 충분하니까 이제 성장이 아니라 번영에 신경 쓰자고 말을 하는 거예요.

장공부 하지만 개인적으로 오늘부터 번영에 신경 쓰자고 결심한다고 해결되는 문제가 아니잖아요.

오함께

맞아요. 구조의 문제를 내버려 두고 개개인에게 무조건 소비주의나 성장주의에 저항하라고만 할 수는 없죠. 그럼 결론은 분명히 실패에요. 사람들은 그런 번영이 불가능하다고 생각하거나, 그런 걸 주장하는 사람들을 위선자라고 생각할 테니까요. 그래서 저는 정부의 역할이 중요하다고 생각해요.

정부가 구조적 불평등을 개선하기 위해 노력하고, 공공재 공급과 사회 기반 시설에 대한 투자를 더욱 확대할 필요가 있죠. 사회 구조의 변화가 있어야 사람들의 가치관도 함께 변화하거든요. 결국 지속불가능하고 비생산적인 지위 경쟁으로 사람들을 내몰지 않고, 사람들에게 자기실현의 가능성을 조금 덜 물질적인 방식으로 제공해서 사회생활에 적극적으로 참여할 수 있는 구조를 마련해 주는 것이 지속가능한 발전, 아니 지속가능한 번영의 핵심이라고 할 수 있어요.

1. 3차 산업 혁명 이후의 사회는 어떤 모습일까?

오늘날 세계는 점차 재생 가능한 에너지 중심으로 에너지 체제를 전환해 가고 있다. 그럼 재생 가능한 에너지 중심 에너지 체제는 어떤 모습일까?

1, 2차 산업 혁명을 이끈 석탄, 석유 등 화석 연료는 특정 지역에 매장되어 있어 화석 연료를 채굴해 전 세계의 최종 소비자에게 전달하기 위해서는 (가) <u>중앙 집중형 통제 체제와 대규모 자본 집중이 필요하다.</u>

순위	국가	재생가능에너지 비중(%)
1	아이슬란드	89.8
2	노르웨이	48.1
3	뉴질랜드	38.1
4	스웨덴	38.0
5	오스트리아	32.6
8	덴마크	26.8
16	독일	11.9
27	미국	6.3
34	대한민국	1.9

출처 : 2013 신재생에너지 보급 통계

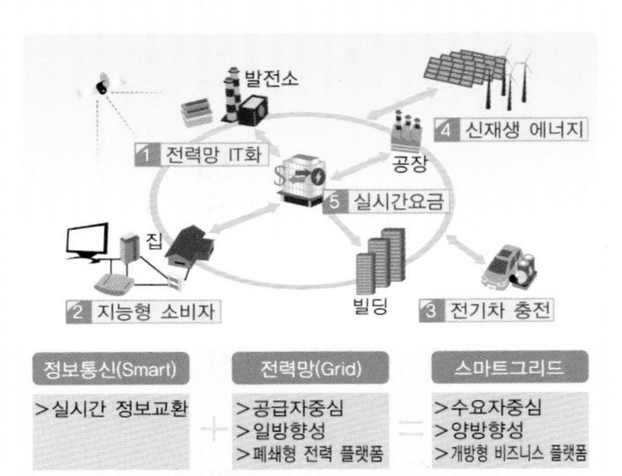

재생에너지 시대를 밑받침하는 정보통신산업
(출처 : 제주 스마트그라드 실증 단지)

이와는 달리 지역에 따라 정도의 차이는 있으나 세계 모든 나라에 골고루 분포되어 있어 어느 곳에서든지 접근할 수 있는 태양열, 바람과 같은 에너지원이 있다. 하지만 재생 가능한 에너지는 공급의 안정성에서 약점을 갖고 있다. 예컨대 태양에너지는 맑은 날 낮 동안만 가능하고, 바람은 그 강약이 일정하지 않을 뿐더러 어떤 때는 다른 에너지로 변환할 수 없을 정도로 약하게 불며, 파력 역시 바람의 영향을 받는다. 또한 재생 가능한 에너지는 한 곳에서 대량으로 생산하기 어렵고 생산된 에너지를 필요한 소비자에게 원활하게 공급하는 것도 쉽지 않다.

그러나 21세기의 재생 가능한 에너지는 발달한 정보통신산업 덕분에 이러한 단점을 보완할 수 있게 되었다. 즉, 쌍방향 소통 체계를 갖춘 정보통신산업은 재생 가능한 에너지의 생산과 소비를 이어 주는 역할을 할 수 있게 되었다.

– 제레미 리프킨 저, 안진환 역, 『3차 산업혁명』, 민음사 –

1. 화석 연료에 의한 1, 2차 산업 혁명이 인류 사회에 미친 영향은 무엇인가?

2. 밑줄 친 (가)가 초래할 문제점에 대해 이야기해 보자.

3. 소규모 분산형 에너지 시스템이 우리의 삶에 어떤 영향을 미칠지에 대해 토론해 보자.

2. 아마존, 보호인가? 개발인가?

아마존 밀림(출처 : 크리에이티브커먼즈)

아마존의 밀림 '엘 이딜리오'에서 자연과 더불어 살아가는 안토니오 호세 볼리바르, 그는 숲을 개간한다는 이주 정책에 따라 아내와 함께 오래 전 이곳에 들어왔다. 그가 살고 있는 마을은 에콰도르 정부가 '약속의 땅'이라고 속여 수많은 사람들을 이주시킨 신개척지 마을이다. 이곳은 고향을 떠나온 이주민 외에도 일확천금을 노리고 들어온 노다지꾼과 무차별적으로 야생동물을 죽이는 밀렵꾼들이 활개치고, 정부가 파견한 뚱보 읍장이 군림해 가당치도 않은 세금을 거둬들이며 권력을 휘두르고 있는 곳이다. 그런데, 우기가 시작되던 어느 날 백인 남성의 시체가 발견되면서 마을은 공포로 휩싸인다. 시신의 상태를 보던 뚱보 읍장은 단번에 밀림에 사는 원주민인 수아르족의 짓이라고 단정한다. 그러나 노인이 보기에 그것은 백인 사냥꾼에게 새끼와 수컷을 잃은 암살쾡이의 보복이었다.

(가) 가축을 키우고 산림을 벌채할 수 있게 해 주겠다는 새로운 약속에 이끌린 이주민들의 숫자가 점점 더 불어났다. 그들은 또한 의식과는 전혀 관계가 없는 알코올을 가지고 와서 유혹에 약한 자들을 타락시켰다. 그리고 특히 오직 일확천금을 얻기 위해서라면 수단 방법 안 가릴 각오가 되어 있는 노다지꾼 족속들이 사방에서 페스트균처럼 몰려들었다.

(나) 거대한 기계들이 여기저기 도로를 냈고 수아르족들은 더 민첩하게 행동해야만 했다. 그 뒤로 수아르족들은 한곳에서 계속해서 3년 이상 머물지 못하고 옮겨 다녀야만 했다. 계절이 바뀔 때마다 그들은 난가리트사 강 양쪽에 자리 잡은 외지인들을 멀리하기 위해서 오두막집을 뜯고 조상들의 유골을 챙겼다.

(다) 처음으로 본 암살쾡이는 생각했던 것보다 훨씬 컸다. 야위긴 했지만 아름다움 그 자체라고 해도 될 정도로 멋진 짐승이었으며 상상으로라도 만들어 낼 수 없을 만큼 걸작 중의 걸작이었다. 노인은 부상당한 발의 고통을 잊어 버린 채 살쾡이를 쓰다듬었으며, 자신이 비열하고 천하게 느껴져서 부끄러움으로 눈물을 흘리면서 이 싸움에서 자신이 결코 승리자가 될 수 없다는 것을 깨달았다.

– 루이스 세풀베다 저, 정창 역, 『연애소설 읽는 노인』, 열린책들 –

1. 추구하는 가치에 따라 다음 등장 인물들을 분류하고, 각각이 추구하는 가치관을 비교해 보자.

수아르족(원주민), 이주민, 노다지꾼, 볼리바르 노인, 읍장

2. 아마존 밀림을 개발할 경우 나타날 수 있는 긍정적 측면과 부정적 측면을 적어 보자.

3. '지속 가능한 발전'이라는 관점에서 아마존 밀림 개발은 어떻게 바라볼 수 있을까?

06

환경 문제를 둘러싼 갈등을 정치적으로 해결해요

환경 문제도 정치적으로 바라봐야 할까?

사회샘 안녕하세요, 여러분. 오늘도 즐거운 환경 수업을 시작할까요?

장공부 네.

진단순 시작해요, 선생님.

모의심 지난 시간까지 환경 문제에 대한 다양한 입장을 살펴보았는데, 아직도 공부할 것이 남았나요?

사회샘

오늘은 환경 문제를 정치적 관점에서 다루어 볼까 해요.

진단순

정치는 정치인이 하는 것 아닌가요?

장공부

저는 정치에 관심이 없어요. 다른 주제로 수업하면 안 될까요?

모의심

환경 문제도 정치와 관련이 있나요?

사회샘 더 이상 공부할 게 없다는 표정이더니 갑자기 질문이 쏟아지네요. 일단 여러분이 왜 그런 반응을 보이는지부터 좀 차분히 생각해 보도록 하죠. 우리나라는 현실 정치로 피해를 본 사람이 너무 많아서, 어른들은 물론이고 청소년들도 정치 자체를 싫어하는 경향이 있어요.

모의심 저희도 아청법(아동청소년의 성보호에 관한 법률) 때문에 피해가 많아요.

사회샘 하지만 우리가 각자 따로 살 것이 아니라면, 어떤 식으로든 공동의 문제를 함께 해결해야 하고, 따라서 정치에 관심을 갖지 않을 수 없답니다. **현실 정치를 통해서 피해를 보거나 실망한 사람들이 정치에 무관심하면, 우리나라가 어떤 사람들 뜻대로 움직일까요**?

장공부 정치를 통해서 이익을 본 사람들이요.

사회샘 그래요. 그런 사람들이 정치를 마음대로 하게 되면, 정치로 인해 우리가 피해를 보거나 실망을 하게 될 가능성이 더 높아지지 않을까요? 그러니 우리가 정치를 외면하면 안 되겠죠?

모의심

선생님, 그건 이해가 되었는데요, 정치가 중요하다고 해서 꼭 환경 문제도 정치적으로 풀어가야 하나요? 그냥 생각이 맞는 사람들끼리 힘을 합쳐서 각각 노력하는 것이 편하기도 하고 효율적이기도 할 것 같은데요.

사회샘 그렇게 생각할 수도 있겠네요. 그런데 우리가 지난 시간에 도환경, 오생태, 오함께, 이렇게 세 분을 모시고 이야기를 들어 봤는데, 세 분의 공통점이 뭐였죠?

학생들 환경을 보호해야 한다고 생각하는 점이요.

사회샘 그래요. 그런데 환경을 보호해야 하는 이유와 방법에 대해서는 어땠나요?

학생들 세 분 생각이 다 다른 것 같았어요.

사회샘 그랬지요? 환경 문제는 특히 사람들의 의견이 많이 엇갈리는 주제에 속해요. 다른 문제들에 비해 상대적으로 먼 미래의 일을 다루는 것이라 불확실성이 클 수밖에 없기 때문이죠.

게다가 세상에는 환경을 보호해야 한다고 생각하는 사람들만 있는 것이 아니라, 아직 환경에 크게 신경 쓸 필요가 없다고 생각하는 사람도 많기 때문에 서로 입장이 다를 수밖에 없어요.

우리가 환경 문제를 정치적으로 풀어나가야 하는 이유는 이처럼 생각이 다른 사람들이 서로 의견을 교환하고 조정해야만 해결이 가능하기 때문이에요.

진단순 의심이가 이야기한 대로, 그냥 각자 편한 대로 하면 안 될까요? 환경 문제를 정치적으로 고려하기 시작하면, 이야기만 복잡해지고 실제로 되는 일도 별로 없을 것 같아요.

장공부 무조건 각자 편한 대로 하자는 건 아니지만 앞에서 공부했던 이산화탄소 감축 문제만 해도 그렇게 오랜 시간을 논의했는데도 결정된 것도, 실천된 것도 거의 없는 것을 보면……. 단순이 이야기도 일리가 있는 것 같아요.

사회샘

국제적으로나 국내적으로나 정치가들이 하는 일을 보면 답답할 때가 많아요. 그런데 그것은 꼭 정치가들이 무능하거나, 정치라는 것 자체가 불필요한 것이어서 그런 것이 아니라, 정치적 문제들에는 고려할 점들이 많기 때문에 그런 것이기도 해요. 앞에서도 이야기했지만 정치로 되는 일이 없다고 해서, 또는 복잡하다고 해서 정치에 무관심하면 세상이 어떻게 되겠어요?

6장

장공부 지금 정치권력을 가지고 있는 사람들이 계속 정치를 하거나, 아니면 특별히 이득을 보는 사람들만 관심을 가지고 계속 정치를 하게 될 거 같아요.

모의심

진단순, 복잡해도 관심을 가져야 해!

진단순 역시 정치 이야기가 나오니까 실질적인 내용은 하나도 이야기 못하고 시간만 가는 것 같아요. 선생님, 진도 나가요!

개인적 차원에서 바라본 환경 문제

환경보호와 마음의 정치

사회샘 그럼 이제 진도 나갈까요? 먼저 개인 차원에서부터 이야기를 시작해 보도록 해요.

모의심 개인 차원에서 정치이야기를 할 수 있나요?

장공부 좀, 듣자.

사회샘 장난인 줄 알지만, 의심이에게 너무 그러지 마세요. 모두의 의견을 공정하게 경청하는 것이 올바른 정치의 시작이니까요.

진단순 선생님, 그러면 제 의견도 반영해서 수업을 빨리 끝내 주시면 안 될까요?

사회샘 그 마음도 이해는 하지만 경청이 곧 그대로 한다는 것을 의미하는 것은 아니랍니다. 오늘 수업의 진행자는 선생님이니까, 먼저 선생님 이야기를 들어 주면 좋겠어요.

사회샘

일단 예를 하나 들어 보도록 할까요? 환경 보호를 위해서 종이컵 사용을 법적으로 금지시키면 어떨 것 같아요? 국가나 사회, 세계 등에 대해서는 생각하지 말고 그냥 여러분 각자의 마음을 솔직하게 이야기해 주었으면 좋겠어요.

진단순

불편할 것 같아요. 저는 그냥 종이컵을 사용하는 것이 편해요. 그리고 그게 더 위생적이기도 할 것 같은데요.

장공부

저도 불편할 것 같은데, 하지만 사회적으로 그렇게 결정이 되면 참고 따르겠어요. 환경에 도움이 된다잖아요.

모의심

저는 사실 마음이 왔다 갔다 해요. 공부처럼 따르고 싶은 마음도 있고, 불편해서 귀찮을 것 같기도 하고 또 자율에 맡기지 않고 법으로 강제한다는 것이 마음에 들지 않기도 해요.

사회샘 의심이가 자기 마음을 잘 관찰해서 이야기해 주었는데, 사실 단순이나 공부도 어때요? 종이컵을 사용하고 싶은 마음도 있고, 사용하지 않아야 한다는 마음도 있죠?

학생들 네!

사회샘

그런데 이처럼 이렇게 할까, 저렇게 할까 망설여질 때 여러분은 어떻게 결정하나요?

진단순

저는 그냥 기분 내키는 대로 해요.

장공부

저는 어떤 행동이 제가 원하는 결과를 얻게 해 줄지 신중히 계산해 봐요.

모의심

저는 제가 원하는 것이 무엇인지도 살펴보고, 학교나 사회, 국가가 어떻게 되는 것이 좋을지도 따져 봐요.

사회샘 세 사람이 결정하는 방식이 다 다른데, 사실 의심이도 단순이처럼 기분내키는 대로 할 때가 있고, 단순이도 공부나 의심이처럼 따져보는 경우가 있을 거예요. 이처럼 우리 마음에도 여러 요소가 있고, 그러한 요소들이 선택하고 싶어 하는 것이 각각 달라요. 그래서 최종적으로 결정을 내리기 위해서는 마음속에서 이런 선택지들을 다양한 측면에서 살펴보게 돼요. 그런데 문제는 사람마다 경중을 따지는 방식이 다르고, 또 똑같은 사람이라도 어렸을 때와 나이 들었을 때의 생각이 다르고, 일에 따라 다르고, 심한 경우는 순간순간 변하기도 하죠. **우리가 혼자 결정을 내리는 경우에도 이처럼 마음속에서 복잡한 과정을 거치게 되는데, 어떻게 보면 이런 것도 정치적 결정이라고 할 수 있는 거예요.**

진단순 그래서 인간은 정치적 동물.

모의심 그 말은 그런 뜻이 아니야.

사회샘 두 사람 이야기를 들으니까, 우리가 일반적으로 사용하는 '정치'라는 말과 지금 수업 시간에 사용하는 '정치'라는 말이 혼동될 수 있을 것 같네요. 혼동을 막고 이러한 정치적 결정이 개인 차원에서 이루어진다는 점을 드러내기 위해서 '내면의 정치'라고 부르면 어떨까요?

장공부 그보다는 **'마음의 정치'**라는 표현이 더 나은 것 같아요. 내면이라고만 하면 선생님이 말씀하시는 정치가 마음의 요소들 사이에서 벌어지는 일이라는 것이 잘 안 드러나지 않을까요?

사회샘 그 표현이 더 익숙하면서도 선생님이 말하고 싶은 내용을 더 잘 전달하는 듯 하네요. 그럼 '마음의 정치'라고 부르기로 해요.

'나'는 내 마음의 선택의 결과이다

모의심

선생님, 정치가 우리의 마음에서도 이루어진다는 이야기는 잘 들어 보지 못했는데요. 이건 선생님의 독창적인 생각이신가요?

사회샘 아니, 그렇지는 않아요. 마음의 정치는 플라톤의 대화편에서부터 이미 나왔던 이야기예요. 그리고 최근에는 선생님이 좋아하기 시작한 팔머(Parker Palmer)라는 분이 '민주주의'의 문제를 마음에서부터 풀어가는 책, 『비통한 자들을 위한 정치학』을 쓰기도 했죠. 그런데 자꾸 이렇게 이야기하다 보면 끝이 없을 것 같으니까, 다시 종이컵 이야기로 돌아갈까요?

진단순 이제 종이컵 이야기 지겨워요.

사회샘 지겨워도 한번만 다시 보도록 해요. 앞에서 세 사람이 각자 결정한 것도 다르고, 그렇게 결정하게 된 이유도 다 달랐는데, 다른 조건이 추가되지 않는다면 실제로도 그렇게 행동할 가능성이 크겠죠?

진단순, 장공부 네!

모의심

행동하는 것이야 자기 마음이지만, 단순이처럼 기분내키는 대로 해서는 안 될 것 같아요. 공부처럼 자기 생각만 해서도 안 될 것 같고요.

진단순

그래, 너만 잘났다!

장공부

헐, 의심이 너는 다른 사람 마음도 생각해서 그렇게 말하는 거니?

사회샘 의심이 이야기도 일리는 있는데, 지금 여기에서는 개인의 판단 근거를 비판하거나 사회적으로 어떤 결과가 나타날 것인가에 대해서까지 이야기하는 건 아니니까, 각자가 어떻게 판단하고 행동하는가만 검토하면 좋겠어요. 그리고 그렇게 보면 단순이가 종이컵을 계속 사용하든, 공부가 종이컵을 더 이상 사용하지 않든 간에 그건 각자의 자유라고 할 수 있겠죠. 그리고 사실 단순이나 공부 한 사람이 종이컵을 사용하거나, 하지 않는다고 해서 사회적으로 무슨 큰 문제가 생기는 것도 아니고요.

모의심 선생님 말씀은 각자가 어떻게 결정을 내리든지 아무 상관이 없다는 뜻인가요?

사회샘 그건 아니고, 개인, 즉 마음의 차원에서 문제가 되는 것은 그러한 판단과 행위의 사회적 결과보다도 다른 측면에서 중요성을 지닌다는 뜻이에요.

학생들 그게 무슨 말씀인가요?

사회샘

좀 어려울 수도 있는데, 여러분의 판단과 행위가 여러분이 어떤 사람인지를 결정해 주게 된다는 거죠. 무슨 말인지 이해가 되나요?

가령 단순이가 언제나, 모든 일을 기분 내키는 대로 판단하고 행동한다면 단순이는 기분 내키는 대로 살아가는 사람이 되는 거예요. 마찬가지로 공부는 성과지향형, 의심이는 비판적 태도를 지닌 사람이라 볼 수 있는 거죠.

진단순

전, 기분 내키는 대로 산다는 소리 들어도 상관없어요.

사회샘 물론 우리는 단순이가 말만 그렇지, 실제로는 기분 내키는 대로 행동하지 않는다는 것을 알고 있죠. 그리고 기분 내키는 대로 행동한다고 해서 그것이 꼭 잘못된 태도라고만 볼 수도 없어요. 가령 우울증은 자기 기분을 너무 돌보지 않고 당위나 성과에 끌려 다닐 때 발생하기도 하는데, 기분 내키는 대로 하는 사람은 우울증이 발생할 위험은 적어지니까요.

모의심 맞아요, 다른 건 몰라도 단순이가 우울증에 걸릴 것 같지는 않아요.

진단순 우울증이라면, 우리 중에서 확률이 가장 높은 게, 의심이 같아요.

사회샘 정치는 정말 어렵군요. 조금만 틈새가 보이면, 금방 다른 이야기로 넘어가 버리네요. 아무튼 선생님이 하고 싶은 이야기는 환경 문제를 처리하기 위해서는 개인 차원에서도 여러 가지 갈등하는 요소들을 고려해서 결정을 내려야 하는 '정치적 과정'을 경험해야 한다는 거예요. 물론 환경 문제는 혼자 결정하고 행동하는 것만으로 해결될 수 있는 것은 아니기 때문에 이러한 개인적 결정이 환경 문제 해결에 영향을 미치는 데에는 한계가 있겠죠. 하지만 이러한 영향과 별개로 어떤 결정을 내리는지가 그 사람이 어떤 사람인지를 설명해 준다는, 즉 그 사람의 '환경적 정체성'을 규정한다는 면에서 의미를 지니는 것은 부인할 수 없는 사실이에요. 부연하면, **여러분이 내리는 환경적 결정과 행위가 여러분의 삶의 모습이라는 거죠.**

진단순 선생님, 환경적 정체성이라는 말도 그렇고, 저는 무슨 말씀을 하시는 건지 이해가 잘 안 돼요.

모의심 종이컵을 마음대로 쓰는 거, 그게 바로 네 삶의 모습이라는 말씀이시지.

장공부

마음을 가지고 이야기하니까 오히려 이해가 잘 안 되는 것 같아요. 단순이를 위해서라도 지역사회나 국가 차원의 문제들을 살펴보는 것이 어떨까요?

사회샘 선생님이 여러분을 더 혼란스럽게 한 것은 아닌지 모르겠네요. 양해 부탁할게요, 선생님이라고 완벽한 것은 아니니까……. 이해해 줄 수 있지요? 그러면 이제 범위를 지역사회로 넓혀 보도록 할까요?

지역 공동체 차원에서 바라본 환경 문제

환경 카페를 방문해 봐요

사회샘 앞에서는 종이컵을 사례로 들어 이야기를 시작했었는데, 마을이나 지역사회 차원에서는 어떤 예를 생각해 볼 수 있을까요?

장공부 전에 세 분 초대해서 수업할 때에 사례가 많이 나온 것 같아요. 공동주택을 건설해서 에너지 소비를 줄일 수도 있고, 마을 차원에서 친환경 농업 단지를 만들 수도 있고, 그리고 어떤 마을에서는 친환경 카페를 열어서 거기에서 사람들이 집열판 조리기나 자전거 발전기로 음식을 만들어서 판매하기도 한다는 이야기를 들은 적이 있어요.

태양열 조리기

자전거 발전기(출처 : 크리에이티브커먼즈)

진단순

그러면 이 카페에서는 햇빛이 안 드는 날에는 음식을 먹을 수 없거나, 아니면 카페에 있는 동안에는 계속 페달을 돌리고 있어야 하나요?

모의심 그렇지는 않겠지. 하지만 선생님, 차 한 잔 마시자고 이렇게 땀나게 페달을 밟아야 한다면, 이런 식으로 언제 우리가 사용할 에너지를 다 생산할까 하는 생각이 들기는 할 것 같아요. 특히 공장이나 큰 쇼핑몰 같은 데에서 사용할 전기는 이런 식으로는 절대로 생산하지 못할 것 같은데요.

사회샘 선생님도 궁금하네요. 그러면 이왕 말이 나온 김에 환경카페 마을 이장님을 한 분 모셔 볼까요?

이장님

안녕하세요, 환경마을 이장 마을환입니다. 무엇이 궁금하신가요?

사회샘

이장님, 마을에 환경 카페가 유명하다고 들었는데요. 학생들이 왜 환경 카페를 만들게 되었는지 궁금해해서요.

진단순

카페에 손님이 많은가요?

장공부

산골이라 손님이 그렇게 많지는 않을 거 같은데, 운영비는 어떻게 충당하는 건가요?

모의심

카페에 다녀간 사람들이 환경을 보호해야겠다는 생각을 하고 돌아가나요? 그냥 기념으로 한 번 방문하고 갈 수도 있을 것 같아서요.

이장님 요즘 학생들은 거리낌 없이 질문을 잘 하는 것 같아요. 저희가 학교 다닐 때에는 그러지 못했는데. 하하하! 하나씩 답변을 할게요. 우선 방문객이 그렇게 많지는 않습니다. 저희 마을이 좀 외진 곳에 있거든요. 그렇지만 저희 마을을 방문한 사람들은 색다른 체험을 할 수 있어 환경 카페에 꼭 들른답니다. 그리고 운영비는 자체 충당은 안 되는데, 지방자치단체에서 지원을 받고 있기 때문에 큰 문제는 없습니다. 마을 사람들이 자원봉사를 하기도 하고요. 한 마디로 돈이 되지는 않지만, 처음부터 돈을 목적으로 하지 않았기 때문에 여러 가지로 만족하고 있습니다. 방문객들에게 저희가 원하는 체험 기회를 제공하기도 하고, 또 환경을 보호해야 한다는 생각을 마을 차원에서 구현했다는 점에서 저희 마을의 자랑이기도 하니까요.

모의심 체험 효과는 어떤가요?

이장님

음……. 체험은 효과 이전의 문제입니다. 두 가지를 좀 구분할 필요가 있어요.

진단순 어려워요. 무슨 말씀인지 모르겠어요. 선생님이 모신 분들은 왜 매번 이렇게 어려운 말씀만 하시나요?

장공부, 모의심 그러게요, 이번엔 저희도 잘 와 닿지 않는데요.

이장님 가능한 한 쉽게 설명해 볼게요. 예를 들어서, 여러분은 밥을 먹다가 밥알을 흘리면 어떻게 하나요?

진단순 에이, 더러운 걸 어떻게 해요. 그냥 버리죠.

장공부 그러니까 흘리지 않도록 주의해야죠.

모의심 저희 집에서는 밥상 위에 떨어진 것은 그냥 먹고, 바닥에 떨어진 것은 버려요. 식당 같은 곳에서는 그렇게 안 하고요.

이장님 요즘에는 떨어뜨린 음식을 주워서 먹는 사람들이 별로 없는 것 같아요. 그런데 옛날에는 많은 사람들이 주워 먹었어요. 왜 그랬을까요?

진단순 먹을 것이 부족해서요.

장공부 위생 관념이 없어서요.

모의심 절약 정신을 강조하기 위해서?

이장님

확실히 그런 면들도 있을 거예요. 그런데 지금과 옛날이 다른 점 중 하나가 옛날에는 우리나라에 농사를 짓는 사람들이 많았다는 거예요. 농사를 지으면 쌀 한 톨 얻는 게 얼마나 힘든지 모를래야 모를 수 없거든요. 그 과정을 알게 되면 자연스럽게 떨어진 음식도 주워 먹게 되는 것 같아요.

장공부 그러니까 이장님이 말씀하시고 싶은 것은 '에너지를 직접 생산해 보면 에너지가 소중하다는 것을 느끼게 되고, 결국 아껴 쓰게 될 것이다.' 이런 뜻이신 거죠?

이장님 음……, 비슷한데 조금 다릅니다. 어떻게 설명해야 할지 모르겠네요.

사회샘 제가 조금 도와드려도 될까요? 예전에 제가 대학에 다닐 때에 낙태를 주제로 토론수업을 한 적이 있었어요. 낙태를 허용해야 한다는 입장과 허용하지 말아야 한다는 입장이 팽팽히 맞서서 토론이 상당히 흥미 있게 진행되었는데, 결국 수업을 마칠 때까지 결론을 못 내리고 말았죠. 그런데 그런 상태로 수업이 끝나기 직전에 교수님께서 갑자기 이번 시간을 통해서 무엇을 얻었는지 말해 보라는 거예요. 갑작스런 질문에 학생들 모두가 머뭇거리자 잠시 후에 교수님께서 낙태의 허용 여부와 관계없이 낙태 자체가 중요한 윤리적 문제들을 함축하고 있다는 사실을 알게 되지 않았느냐고 다시 질문을 하셨어요. '체험과 효과' 이야기를 들으니까 갑자기 그때가 생각나네요.

에너지를 생산, 활용하는 체험을 하면 아무래도 에너지를 절약하는 쪽으로 생각을 하게 되겠지만, 그것과 별도로 우리가 에너지의 흐름 속에서 살고 있다는 느낌을 지닐 수 있게 되니까, 자연스럽게 우리를 둘러싼 환경의 의미를 다시 생각해 볼 수 있게 된다는 뜻이 아닌가요?

이장님 선생님 말씀이 맞습니다. 역시 명쾌하게 설명해 주시네요. 이제 체험이 효과 이전의 문제라는 말이 조금 이해가 되나요?

학생들 저희는 아직도 잘 모르겠어요.

친환경 마을 만들기의 정치

사회샘 이 이상은 '설명'의 문제가 아니라 '체험'의 문제가 아닐까요? 더 알고 싶으면 환경카페를 방문해야 할 것 같으니까 이 이야기는 일단 이 정도 선에서 마무리짓도록 하지요. 그리고 이장님을 모신 김에 지역사회나 마을 차원에서 환경 문제가 어떻게 정치적으로 형성되는지도 여쭤보고 싶네요.

이장님 저는 정치하고 무관한 사람인데요.

사회샘 그러면 제가 질문을 드리고, 이장님은 그냥 있었던 일을 그대로 말씀해 주시는 방식으로 진행할까요? 그게 편하시겠죠?

이장님 네!

사회샘

우선 환경 마을을 만들자고 처음 제안했을 때에 반대한 사람은 없었나요?

이장님

환경 카페 같은 경우는 큰 반대가 없었는데, 농사짓는 것 때문에 반대가 심했습니다.

아시는 것처럼 친환경 농업을 할 때에, 누구는 하고, 누구는 하지 않으면 효과가 줄어들거든요. 예를 들면 옆에 있는 논의 농약이 다른 논으로 흘러들어갈 수도 있고, 벌레들도 농약을 치지 않는 논으로 다 모이게 되니까요. 그래서 친환경 농업을 하려면 마을의 모든 농사를 친환경적으로 해야 하는데, 그렇게 할 경우 당장은 생산량이 크게 줄어드니까, 반대하는 사람이 많았죠.

6장

사회샘 그래서 어떻게 하셨나요?

이장님 우선 친환경 농업에 찬성하는 사람들이 반대하는 사람들의 집을 하나씩 찾아다니며 설득을 했죠. 생산량이 줄어도 더 비싸게 받을 수 있으니까, 결국 소득에는 큰 차이가 없다는 점을 강조했고, 또 친환경 농업을 하면 해가 바뀔수록 생산량 자체도 점점 늘어난다고 설득했죠.

사회샘 그렇게 말씀하시니까, 반대하던 사람들이 모두 수긍을 하던가요?

이장님 아니지요. 그때 정말 모두들 마음 고생이 심했어요. 서로 싸우기도 많이 싸웠고, 나중에는 옳다, 그르다를 떠나서 서로 자존심 때문에 버티는 상황까지 이르렀죠. 그동안 별일 없이 지내던 사람들끼리 이렇게 사이가 틀어지고 보니까, 개인적으로는 애초에 이런 일을 왜 시작했나 하는 후회도 여러 번 했었고요.

학생들 …….

사회샘 그래서 어떻게 하셨나요?

이장님

그러다가 하루는 친환경 농업에 찬성하는 사람들끼리 모여서 이야기를 했는데, 한 사람이 우리가 지금까지는 친환경 농업을 할 때에 좋은 점만 주로 생각하고 전달하려고 했는데, 안 좋은 점을 찾아보자고 한 거예요. 그래서 다시 생각을 해 보니까, 지금까지 농약이나 제초제를 사용해서 농사를 지은 사람들 입장에서는 친환경 농업이 아무리 장점을 많이 갖고 있어도 그러한 장점을 인정하는 순간에 자신들이 나쁘거나 어리석은 사람들이었다는 생각을 할 수 있겠더라고요.

진단순 그게 무슨 말씀이시죠?

모의심 그러니까 지금까지 친환경 농업을 하지 않았으니까, 어떻게 생각하면 농약이나 제초제에 오염된 농산물, 즉 몸에 나쁜 농산물을 다른 사람들 먹으라고 그냥 내놓은 것이 되잖아. 만약에 몸에 나쁜 것을 몰랐다면 어리석었던 것이 되고.

이장님 또, 농촌에 사는 사람들도 요즘에는 나이가 많이 드신 분들이 대부분이잖아요? 그분들 입장에서는 무언가 변화를 한다는 것 자체만으로도 어려운데, 친환경 농업은 손이 많이 가기 때문에 그 분들에게는 더 어려운 일이 될 수 있죠. 또, 친환경 농업을 했는데, 만약에 판로가 확보되지 못하거나, 예상했던 것만큼 생산이 안 되는 상황이 있을 수 있는 것도 사실이구요.

장공부 말씀을 듣고 보니까, 정말 그러네요. 그래서 어떻게 하셨나요?

이장님 그냥 그런 생각이 들었다는 것을 그때까지 반대하던 분들에게 솔직하게 얘기했어요. 그리고 우리 역사에서 농산물의 맛이나 품질보다 양이 중요한 시기가 있었다는 것도 공개적으로 인정을 하고요. 일손 걱정을 조금이라도 덜기 위해서 논농사에 우렁이나 오리를 활용하는 방안도 연구해서 발표했고, 무엇보다 친환경 농법을 시행하고 있는 다른 마을을 방문해서 함께 허실을 따져본 것도 도움이 많이 되었죠. 그리고 친환경 농업은 어떻게 해도 손이 많이 가는 것이 사실인 만큼, 마을 사람들이 협조해서 일손 부족을 최소화하고, 특히 나이가 많으신 분들에게 실질적인 도움이 될 수 있는 방안을 마련하기 위해서 노력했죠. 그리고 마을에서 조금 외진 곳에 있는 논, 밭에서 시범적으로 먼저 친환경 농법을 사용해서 작물을 재배했어요. 생산량이 어느 정도 나오는지, 어떻게 판매되는지를 직접 보여 줄 필요가 있다고 생각했지요. 그러니까 얼마 안가서 모든 사람들이 찬성을 하더라고요. 그래도 처음 몇 년은 생산량이나 판로가 다소 불안정했는데, 그 후에는 별일 없이 잘 운영되고 있어요.

사회샘 이장님, 감사합니다. 어려울 수 있는 얘기인데도 학생들을 위해서 상세하게 설명해 주셨네요. 언젠가 저희가 꼭 찾아뵙겠습니다.

학생들 그때 뵐게요!

이장님 네, 안녕히. 저도 즐거웠습니다.

사회샘 여러분, 이장님 이야기 들으니까 어때요? 환경 마을이 어떻게 만들어지는지, 거기에 어떤 정치적 요소들이 포함되어 있는지, 좀 체감이 됐나요?

장공부 좋은 취지에서 시작을 해도 사람들을 설득하는 것이 어려운 것 같아요.

모의심 다른 사람들 입장도 헤아려줄 필요가 있다는 생각이 들었어요. 제가 비판적인 말을 할 때, 다른 친구나 선생님의 감정을 상하게 한 경우가 적지 않을 것 같아요.

진단순 가장 상처받은 사람이 나야, 나! 이제라도 반성하니 그나마 다행이긴 하네. 그런데 선생님, 제가 보기에는 사람들이 다 너무 복잡하게 생각하는 것 같아요. 그냥 좋으면 하고, 싫으면 안 하면 되지 않나요?

장공부 그게 그렇게 안 되니까 그렇지. 마을 단위로 가면 혼자 결정할 수 없는 일들이 대부분이고, 또 친환경 농업의 경우처럼 혼자 결정할 수 있다고 해도 같이 협조하면 훨씬 효율적인 경우가 많으니까.

사회샘 그렇죠. 사람들이 모여 사는 이상, 정치가 꼭 필요하고, 정치라는 것이 서로의 이해관계를 조절하는 것이다 보니까 반드시 후유증을 남기기는 하지만, 우리가 도대체 왜 모여살기 시작했는지를 생각해 보면 정치의 긍정적 역할을 이해할 수 있을 겁니다.

일반적으로 사람들이 많이 모여 살수록 할 수 있는 일이 늘어나겠지요. 그런데 그만큼 불평불만이나 조정해야 할 일이 같이 늘어나는 것도 사실일 거예요.

환경 문제의 경우도 많은 사람들이 함께 할수록 더 큰일을 할 수 있는데, 그 대신에 사람들 간의 의견 차이나 이해갈등을 조정하는 문제도 함께 커지겠죠? 그래서 정치를 통해 이러한 의견 차이나 이해갈등을 조정할 필요가 생기는 거구요.

장공부 그러니까 선생님 말씀은 '환경 보호를 더 잘하기 위해서라도 어느 정도는 의견 차이나 갈등이 발생하는 것을 감수해야 한다.' 이런 뜻인 거죠?

사회샘 공부가 제 생각을 잘 정리해 주었네요.

국가 차원에서 바라 본 환경 문제

국가적 차원에서 발생하는 환경 문제에는 어떤 것들이 있을까?

사회샘 그러면 이제 차원을 우리나라로 넓혀서 생각해 봐요. 국가 차원에서 환경 보호를 위해 어떤 일들을 할 수 있는지 여러분이 먼저 생각나는 대로 이야기해 볼까요?

장공부 환경 산업 육성이요!

진단순 친환경 먹거리 개발도 있어요.

모의심 저는 쓰레기 소각장이나 원자력 폐기물 처리장 건설 등이 떠올라요.

장공부 아! 대체 에너지 개발이나 에너지 절약 홍보 활동도 있겠네요.

진단순 아까 이장님 마을처럼 환경을 테마로 한 관광지 개발도 좋겠다.

모의심 그런 거 하려면 갈등이 많이 생길 테니까 갈등을 조정할 수 있게 법이나 제도를 마련하는 것도 필요하겠네요.

사회샘

모두 잘 이야기했어요. 그런데 국가 차원에서 이런 일들을 벌이게 되면 어떤 문제가 발생할까요?

진단순

환경 보호에 대해 생각이 안 맞는 사람들끼리 싸우겠죠.

장공부

예를 들어서 환경 산업을 육성할 때에 어떤 분야부터 지원하는가에 따라 거기에 종사하는 사람들의 이해관계가 크게 달라질 테니까 지원 분야나 지원금액을 결정할 때에 이해갈등이 발생할 수 있을 것 같아요.

사회샘 그러면 어떻게 해야 이러한 갈등을 조정할 수 있을까요?

진단순 정부에서 잘 연구해서 합리적으로 결정하면 되지 않을까요?

모의심 정부에서 합리적 결정이 이루어질 수 있을까?

장공부 너는 매사에 왜 그렇게 부정적이니. 환경 문제는 세계 모든 나라의 정부가 다 힘들어 하는 문제거든.

모의심 그렇다 하더라도, 사람들 생각이 다 다른데, 협의도 하지 않고 정부에서 결정해 버리면 사람들이 가만히 있을까? 그래서 원자력 폐기물 처리장 건설을 두고 부안에서는 폭력사태까지 벌어졌었잖아? 밀양에서는 송전탑 건설을 두고 한국전력공사와 주민 간에 큰 대립이 벌어졌고, 제주도 강정 마을에서도 해군군사기지 건설을 두고 분쟁이 벌어지고 있고.

사회샘 앞에서도 이야기한 것처럼 환경 문제는 사안 자체가 불확실성이 높은데다가, 사람들마다 의견이 각자 달라서 정부를 비롯한 정치권에서도 적절한 안을 마련하기가 힘든 게 사실이에요. 거기에다가 정부나 정치권에서 이런 결정을 일방적으로 내려 버리면 주민들이나 관련 당사자들의 반발을 피할 수 없겠죠.

학생들 그럼 어떻게 해야 하나요?

환경 문제를 둘러싼 갈등을 해결하기 위해 정부는 어떤 일을 해야 할까?

사회샘 정부 및 정치권이 해야 할 일을 크게 세 가지로 나누어 볼 수 있을 거예요. 우선 환경 문제에 대한 생각이 모두 다르니까 그런 것을 터놓고 이야기할 수 있도록 **토론의 장**을 마련해야 해요.

그런데 생각이 서로 다른 사람들이 토론만 한다고 해서 무조건 적합한 해결책이 도출되는 것은 아니겠죠? 그래서 토론의 조건을 좀 조정할 필요가 있는데, 이것이 정부 및 정치권이 가장 우선적으로 해야 할 일입니다.

그런 면에서 환경에 대한 토론 참여 당사자들, 더 넓게는 **국민 모두의 이해관계를 비슷하게 만드는 일**이 가장 시급한 일이라고 할 수 있지요. 예를 들어 생산 과정에서 오염물질을 배출하는 기업이 있다고 해 봐요. 만약 이러한 기업에 오염정화비용을 부과하지 않는다면, 이 기업은 오염 물질을 배출하지 않는 방식으로 생산

방식을 변경하려고 하지 않을 가능성이 크겠죠? 이러한 상황에서는 생산 방식을 변경하지 않는 것이 기업의 경제적 이익에 부합하기 때문이에요. 그러니까 정부 및 정치권에서는 일차적으로 각 경제주체들이 환경 오염을 유발하는 정도에 맞추어 적절한 수준의 환경정화비용을 부담시킴으로써 적어도 경제적 측면에서는 환경 오염을 유발하는 경제주체나, 그렇지 않은 경제주체가 모두 동등한 여건에서 시장에 참여할 수 있도록 해야 하는 거죠. 이를 경제학 용어로는 '**외부효과의 내부화**'라고 하기도 해요.

직접적인 오염 유발 행위만이 아니라 환경 문제로 인해 간접적으로 피해가 발생하는 경우도 마찬가지로 이해관계를 비슷하게 만들어 주는 게 중요해요. 예를 들어, 환경 문제로 인해 도로계획을 변경하는 경우를 생각해 보죠. 도로계획이 변경되면, 그로 인해 환경 보호도 되고, 이익을 보는 사람들도 생기겠지만, 경제적 측면이나 시간상으로 손해를 보는 사람들도 생기기 마련이에요. 쓰레기 소각장이나 원자력 폐기물 처리장을 건설하는 경우도, 그러한 시설이 인근 주민, 또는 국민 모두를 위한 것이기는 하지만, 그러한 시설이 설치되는 곳에 살고 있는 주민들에게 손해가 되는 것도 사실이죠. 그래서 이러한 경우에는 주민들에게 적절한 수준에서 보상책을 제공함으로써, 역시 이해관계를 비슷하게 맞출 필요가 있어요.

사회샘

정부 및 정치권에서 해야 할 두 번째 일은, 개인이나 개별 기업, 또는 지역사회 차원에서 할 수 없는 일들을 떠맡는 거예요.

예를 들어 연구 결과가 보장되지 않는 환경 관련 연구나, 또는 환경 보호에 꼭 필요한 일이기는 해도 경제적으로 이윤을 발생시키지는 않는 그런 일들은 개인이나 개별 기업이 장기적으로 지속하기는 어려운 것들이에요. 이런 경우에 국가가 직접 연구를 진행하거나, 아니면 적절한 연구비나 활동비를 지급함으로써 미래의 사태에 대비하는 체제를 갖출 필요가 있습니다. 조금 맥락이 다르기는 하지만, 우리가 지금 매일 사용하고 있는 인터넷도 원래 민간 기업이 개발한 것이 아니라 미국 국방부에서 개발된 것을 민간에 공개한 것이거든요. 마찬가지로 환경 산업이나 대체 에너지 개발, 대단위 환경 보호 사업 등은 정부에서 주도적으로 진행하도록 하여야 하고, 정치권에서는 이러한 사업이 사적 이익을 위해 악용되지 않도록 감시

할 필요가 있어요.

사회샘

그리고 정부 및 정치권에서 해야 할 세 번째 일은, 가능한 범위 내에서 모든 이해관계자의 의견을 조율할 수 있는 대안을 제시하는 것입니다.

장공부

선생님, 말씀 중에 죄송한데요, 앞에서 선생님이 정부가 일방적으로 결정해서는 안 된다고 말씀하시지 않았나요? 그런데 여기에서는 정부가 대안을 제시해야 한다고 말씀하시니…….

사회샘 좋은 질문이에요. 여러분에게는 조금 어려운 이야기일 수도 있었겠군요. 다시 자세히 설명하면, **정부가 대안을 제시한다는 것은 정부가 일방적으로 정책을 결정한다는 것이 아니라, 국민들이 결정을 내릴 수 있도록 도와주는 구체적이면서도 다양한 선택지들을 제시해야 한다는 뜻이에요.** 예를 들어 환경 보호를 위해 도로계획을 변경해야 한다고 합시다. 그러면 인근 주민들이 알 수 있는 정보는 "① 환경 보호를 위해 정부가 도로계획을 변경하려고 한다. ② 도로계획을 변경하면 A지구 주민들은 더 먼 길을 돌아가야 하는 문제가 생긴다." 정도예요. A지구 주민들이 입을 피해가 크지 않다고 판단하고 환경 보호를 위해 손해를 감수하기로 한다면 다른 문제가 발생하지 않을 수도 있지만, 그렇지 않다고 보면 이의제기를 할 거예요. 그런데 이때 정부는 도로정비와 관련된 대부분의 정보와 도로 변경에 필요한 인력, 장비, 비용 등을 마련할 능력을 갖추고 있지만, A지구 주민들은 상대적으로 그런 능력을 갖추고 있지 못한 상태예요. 따라서 능력을 갖추고 있는 정부가 몇 가지 대안을 제시하면, A지구 주민들이 그중에 하나를 선택하거나, 아니면 그것들을 토대로 다른 대안을 제시하는 등의 협의가 가능하게 되는 것이지요. 그런데 종종 정부나 정치인들은 명분만 내세우면서 '다른 대안은 없다.'라는 전제에서 토론을 시작하려고 합니다. 그러면 주민들 입장에서도 '거부 외에 다른 대응은 불가능하다.'는 입장을 취하게 되는 것이지요.

독일 녹색당, 환경 운동을 현실 정치에서 구현하다

모의심 

선생님 말씀을 듣고 보니까, 전체적으로 정부나 정치권에서 어떤 일들을 해야 하는지는 이해가 되는데, 현실 정치에서도 선생님 말씀하신 대로 그렇게 일이 잘 처리될 수 있을까요?

사회샘 아마, 꽤 어려운 일이 되겠지요.

모의심 그럼, 현실 정치에서는 이런 문제가 어떻게 해결되고 있나요? 앞에서 이야기된 쓰레기 소각장, 원자력 폐기물 처리장 등을 결정할 때마다 나라 전체가 시끄러워지는 것 같아서요.

사회샘 환경운동이 현실 정치에서 어떻게 이루어질 수 있는지를 생각해 보기 위해서는 우리나라보다 독일 녹색당의 활동을 살펴보는 것이 좋겠네요. 우리는 아직 환경 문제를 처리하는 태도나 절차 같은 것이 충분히 잘 갖춰져 있지 않으니까요.

사회샘 먼저 녹색당에 대해 간단히 소개하자면, 녹색당은 1960년대 후반에 일어난 독일 학생운동의 영향을 받아 탄생한 정당이에요. 1980년에 처음 창당되었는데, 1983년에 27명의 연방의원을 배출했죠. 그 후로 여러 어려움을 겪기는 했지만, 1998년에는 독일사회민주당과 연립 정부를 구성해서 녹색당의 피셔(Joseph M. Fischer)가 연방부총리 겸 외무장관이 되었고, 보건부 장관과 환경부 장관을 배출하기도 했어요.

녹색당(좌), 피셔(Joseph M. Fisher)(우, 출처 : 크리에이티브커먼즈)

'지속가능한 발전'을 주 이념으로 삼고 있으며, 현실 정치에 참여하여 환경세를 도입하고, 핵발전소를 점차 줄여나가는 한편으로 재생가능에너지법을 통과시키기도 했죠. **녹색당은 환경 정책 외에도 독일 이주자들을 위한 정책과 동성애를 옹호하며, 공직자 후보 명부나 회의 발언에서의 남녀순번제를 시행하여 남녀평등의 달성에 일조하고 있다는 평가를 받기도 했어요.** 2013년에 치뤄진 독일 총선에서 8.4%의 지지율을 얻어 의석 수가 줄긴 했어도 총 63석을 확보하여 독일 제4당의 위치를 굳건히 지키고 있죠.

장공부 와, 멋있어요. 남녀순번제!

진단순 우리나라에도 그런 정당이 탄생했으면 좋겠어요.

모의심 우리나라에도 그런 정당 있어. 지지율이 낮아서 그렇지.

한국 녹색당 강령(http://kgreens.org/code_of_conduct/, 2017.7.28.)

생태적 지혜 : 에너지 소비를 줄이고 재생가능에너지원을 사용하며 무분별한 만능주의를 극복하여 생태복원력을 넘어서는 생명착취산업과 환경 오염을 막겠다.

사회정의 : 공정성을 높이고 불평등을 줄이며, 자원, 환경, 교육, 의료, 주거 등의 분야에서 보편적 인권을 실현하고 지구 생태계와 모든 생명, 인간이 공존할 수 있는 정의를 실현하겠다.

직접/참여/풀뿌리 민주주의 : 시민 참여를 통해 직접 민주주의를 강화하고, 지역 분권을 확대하여 수도권 중심의 정치, 경제, 문화를 성찰하고 지역의 특성을 살리겠다.

비폭력 평화 : 비폭력 평화 원칙 아래 모든 전쟁을 반대하며, 대화와 소통을 통해 관용과 존중의 문화를 만들고 가정, 학교, 직장, 군대 등 모든 영역에서 생명의 존엄성을 해치는 폭력을 없애겠다.

지속가능성 : 에너지를 절약하고 효율을 높이며, 재생가능 에너지를 이용해 지속가능한 에너지 체제로 전환하는 데 힘쓸 것이며 빈곤과 착취가 없는 지속가능한 공동체 경제로 전환해 나가겠다.

다양성 옹호 : 소수자에 대한 차별과 배제를 없애고, 개인의 자율성과 자유를 전제로 다양성을 보존하는 모든 정책과 제도를 지지한다.

지구적 행동과 국제 연대 : 지구적 이슈와 다른 나라 시민들이 당면한 문제에 대해 세계 녹색당과 함께 행동할 것이며, 환경적 위협, 정치적 탄압, 불평등과 분쟁에 맞서 연대하겠다.

사회샘

한 가지 덧붙이자면, 현대에 들어 환경문제는 더욱 빈번히 발생하고, 상대적으로 환경문제를 유발하는 사람이나 조직은 고정적인 반면에, 사건의 피해자는 매번 변하고 있는 실정입니다. 따라서 환경문제를 유발하는 사람들보다는, 상대적으로 환경문제를 겪는 사람들이 더 불리한 상황에 있다고 할 수 있지요.

그래서 환경 문제에 관심이 있는 사람들은 일반적으로 시민 단체를 결성하여 환경 문제에 지속적으로 대응하는 방식을 취하게 되는데, 독일 녹색당 같은 경우는 아예 정당을 결성해서 정치적 활동에 직접 참여한 경우라 할 수 있습니다. 어떤 것이 더 효과적인지는 각국의 상황이나 문제의 성격에 따라 달라지겠지만, 일단 이렇게 직접 정치에 참여하는 방식의 환경운동도 가능하고, 또 그것이 때로는 효과적일 수 있다는 정도는 이야기할 수 있을 것 같네요.

장공부 그런데 시민 단체를 결성해서 활동하면, 거기에서 목표로 하는 일들에만 집중할 수가 있는데, 정당을 만들면 가령 환경 문제 외에 다른 분야에 대해서도 의견이나 정책을 제안해야 하는 것 아닌가요? 정당은 선거에서 많은 지지를 받아 정권을 잡는 게 목적이니까 이것저것 여러 가지 일을 해야 한다고 알고 있거든요.

6장

진단순

그래서 독일 녹색당에서는 '남녀순번제'를 주장하고 있다잖아.

모의심

친구들이 군대부터 평등하게 하자고 하던데.

장공부

의심이 너도 남자라 그거니?

사회샘 그만! 중요한 이야기이지만 초점을 비켜 가지는 않았으면 좋겠네요. 그리고 둘이 언쟁을 벌인 것처럼 녹색당의 목적은 애초에 환경이었지만 정당을 결성한 이상에는 환경 외의 문제에 대해서도 입장을 밝히지 않을 수 없겠지요. 그런데 사실 그런 건 모든 정당에 공통적인 현상입니다. 예를 들어 전반적으로 사회민주당 계열은 평등이나 복지를 중요시하는 입장을, 자유주의 정당 계열은 자유나 공정성을 중시하는 입장을 취하고 있지만, 그렇다고 해서 사회민주당에서 자유나 공정성 이야기를, 또 반대로 자유주의 정당에서 평등이나 복지를 이야기하지 않는 것은 아니잖아요? 그러니까 환경정당도 환경 관련 강령을 주요한 정강으로 내세우지만 그에 맞추어서 다른 사회 문제에 대해 발언할 수 있고, 또 그렇게 할 필요가 있는 것이지요.

장공부 녹색당에서 '여남평등'도 중요한 주제로 다루어 주었으면 좋겠어요.

모의심 군대 문제도…….

지구적 차원에서 바라본 환경 문제

왜 지구적 차원에서 생각해야 할까?

사회샘 그러면 마지막으로 지구 차원에서 환경 문제를 살펴보도록 할까요?

진단순

그런데 저희가 꼭 지구 차원에서까지 생각을 해 봐야 할까요? 그런 건 대통령이나 유엔 사무총장, 그런 분들이 염려하는 일이 아닌가요?

사회샘 다른 사람들 생각은 어떤가요?

장공부 생각해 봐서 나쁠 것은 없는 것 같아요. 실제로 생활하는 데 큰 영향을 미칠 것 같지는 않지만요.

모의심 제 머리는 지구적 차원에서 생각해야 한다고 말하고 있는데, 제 가슴은 별 관심이 없는 걸요. 그렇게 해야 한다는 건 알지만, 솔직히 저희들에게는 아직 너무 큰 문제 같아요.

사회샘 의심이까지 그렇게 이야기하다니. 조금 실망스러운데? 사실 지구 차원의 문제는 선생님보다도 여러분의 생활과 더 밀접한 관련이 있는데 말이에요.

모의심 어째서 그런가요?

사회샘

우선 여러분은 선생님보다 훨씬 오래 살 것이고, 그러면 지금도 많은 사람들이 걱정하고 있는 지구 온난화 문제를 몸소 겪을 가능성도 더 높다고 봐야겠죠? 그리고 우리 세대보다 유전자 조작 식품이나 환경호르몬 등의 영향도 더 많이 받을 테고, 쓰레기도 점점 늘어나고, 석유가 거의 다 떨어진 세계에서 살아야 할지도 모르지 않나요?

모의심 선생님, 저희들 이야기는 그런 것들이 중요하지 않다는 것이 아니라 우리가 지구적 차원에서 그런 문제를 해결하기 위해 실제로 할 수 있는 일이 없는 것처럼 느껴진다는 것이죠.

사회샘 왜, 세상이 넓으니까 할 일도 많지 않을까요?

진단순 그렇지만 하고 싶은 일은 많지 않아요.

장공부 선생님 말씀을 듣다보니까, 요즘 국제기구에 취업하려는 사람들이 늘어나고 있다고 하던데, 국제기구에 들어가려면 지구적 차원에서 생각할 수도 있어야 하지 않을까요?

사회샘 세 사람 이야기가 다 일리가 있네요. 그래도 내 생각에는 지구적 차원에서 생각을 하게 되면, 우선 우리가 세상을 보는 관점이 달라지니까 그에 따라서 생각이나 행동도 달라질 것 같아요. 예를 들면 투표를 할 때에도 우리 지역만 생각하는 사람보다는 국가나 지구 전체에 관심을 갖는 사람을 판별할 수 있게 되고, 또 많은 사람이 그런 식으로 투표를 하게 되면 실제로 지구 환경도 더 좋아지지 않을까요?

모의심 언젠가는요.

사회샘 그러면 이런건 어떤가요? 단순이가 나중에 훌륭한 발명가가 되어서 잘 팔릴 수 있는 상품을 개발했는데, 그걸 대량 생산하려면 공해물질이 많이 발생한다고 해서 생산을 할 수 없게 되었다면요.

장공부 무척 아쉬울 것 같아요.

사회샘 단순이가 애초에 환경문제에 관심이 많았으면 그런 일이 안 벌어지겠지요?

모의심 얘가 훌륭한 발명가가 될 확률이 그리 높지 않은 것 같은데요.

사회샘

그러면 마지막으로 한 가지만 더 이야기해 볼게요.
여러분은 지구와 교감해 본 적이 있나요?

학생들 갑자기 그게 무슨 말씀?

사회샘 가령 바다나 산에서 모든 생각을 떨치고 주변을 한번 돌아보면, 자신이 그 바다나 산으로 푹 빠지는 느낌이 들 때가 있지 않나요?

진단순 없는데요.

장공부 그런 경우가 있는 것 같아요. 그런데 그것이 지구와의 교감인가요? 그냥 경치에 몰입하는 게 아닌가요?

모의심

그렇게 말씀하시는 것을 들으니까 선생님이
마치 생태 신비주의자처럼 느껴져요.

사회샘 아무래도 여러분을 설득하기에 실패한 것 같군요. 하지만 한번만 잘 느껴 보면 지구를 바라보는 태도가 달라질 겁니다. 아무튼 이런 얘기는 수업에서 길게 할 것은 아닌 것 같고, 환경 문제가 지구 차원에서 어떻게 정치화되고 있는지를 살펴보지요.

이산화탄소 감축과 에너지 문제를 둘러싼 국제 사회의 협력과 갈등

사회샘 현재 지구 차원에서 논의되고 있는 가장 큰 쟁점은 앞에서도 설명한 것처럼 지구 온난화를 방지하기 위한 이산화탄소 감축과 에너지 문제입니다. 우선 이산화탄소 감축을 위해서는 이산화탄소를 많이 배출하고 있는 선진국들이 솔선수범해야 하는데, 유럽지역 국가들은 상대적으로 적극적인 반면에, 세계에서 이산화탄소 발생량이 가장 많은 미국이 소극적이에요. 어떻게 해야 할까요?

진단순 다른 나라들이 힘을 합쳐서 미국에 압력을 넣으면 되지 않을까요?

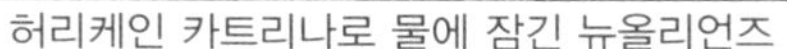
허리케인 카트리나로 물에 잠긴 뉴올리언즈

폭설로 인해 마비된 워싱턴 D.C.(출처 : 크리에이티브 커먼즈)

모의심 미국이 말을 듣겠냐? 미국에 압력을 넣을 수 있는 나라가 없는데.

장공부 중국이 그럴 수 있지 않을까?

모의심 그렇게 된다 해도 나중에 중국은 또 어떻게 하고.

사회샘 지금까지는 그래 왔는데, 너무 걱정은 하지 않아도 될 것 같아요. 꼭 지구 온난화 때문이라고만은 할 수는 없지만, 요즘에 기후 변화로 인해서 미국도 큰 고통을 겪고 있어요. 선생님은, 미국이 조만간 태도를 바꾸게 될 거라고 생각하고 있어요.

그리고 중국 이야기가 잠깐 나왔었는데, 중국이 경제 개발에 성공하면서 에너지를 점점 더 많이 쓰고 있어요. 그에 따라 이산화탄소 배출량도 늘어나는 추세에 있구요. 그리고 중국뿐 아니라, 브라질, 인도 등 규모가 큰 나라들이 경제 개발을 하면서 역시 많은 에너지를 사용하게 되었어요.

선진국들은 이들 국가를 비롯한 개발도상국들에게 에너지 사용량을 더 이상 늘리지 말고, 삼림도 더 개발하지 말라고 압력을 넣고 있는데, 개발도상국들은 현재의 지구 온난화 위기를 발생시킨 것은 선진국들이니, 선진국들이 더 큰 책임을 져야 한다고 맞서고 있는 상황입니다.

진단순 참, 난감한 상황이네요.

모의심 역시 아무리 들어도 대책이 없는 것 같아요.

장공부 이런 이야기를 들으니까 나는 점점 더 국제기구에 관심이 가는데.

사회샘 이러한 움직임과는 별도로, 최근에는 환경라운드가 진행되기도 했어요. **환경라운드란 1989년에 오존층 파괴의 주범인 프레온 가스의 사용을 금지하는 이른바 '몬트리올 의정서'가 발표되면서 세계 각국의 기업들에 큰 변화를 요구했던 것과 같이 환경 문제와 관련된 무역규제 방안을 마련하는 다자간 협정**을 말해요.

최근에 유럽을 비롯한 세계 각국에서 자동차 연비 규정을 발표했는데, 10인승 이하의 승합차 기준으로, 가장 엄격한 유럽은 2020년까지 26.5kmm/l, 일본은 20.3km/l, 우리나라는 20km/l 기준을 충족시켜야 하고, 미국은 2025년까지 23.9km/l 기준을 충족시켜야 한다고 공표했어요. 자동차 업계에서는 현재 생산되고 있는 자동차 중에서 연비가 20km/l 이상인 차량은 찾아보기 어렵다면서 난색을 표명하고 있지만, 어쩔 수 없이 하이브리드카나 전기차, 수소차 등을 개발하고 있는 상황이에요.

전기 자동차

수소차(출처 : 크리에이티브 커먼즈)

진단순 뭐가 뭔지 자세히는 몰라도 사업을 하려면 이런 상황들을 잘 알고 있어야겠네요.

사회샘 단순이가 반응이 있는 걸 보니, 오늘 수업이 성공적인 면도 있었다는 생각이 드네.

모의심

단순이처럼 환경을 생각하는 이유가 먹거리나 돈 버는 것에 제한되는 것은 좀 문제가 있지 않나요?

진단순

내가 말만 하면 시비를 거는 네가 더 문제인 것 같아.

사회샘

그만 하도록 합시다. 그래도 서로 화내지 않고 비판을 꾸준히 주고받는 것을 보니까, 선생님이 그동안 논쟁 수업을 한 보람이 느껴지네요.

그리고 단순이가 환경 문제를 먹거리나 사업과 연관시키는 것 자체는 아무 문제가 없어요. 누구든 자신이 절실하게 느끼는 일부터 시작하는 거니까요. 그런데 만약 환경 보호를 해야 하는 이유가 그것에만 제한되어 있다면, 진정한 의미의 환경 보호라고 할 수는 없겠죠. 그런 경우에는 가령 환경 보호가 불편을 가져다 주거나 금전적으로 손해를 보게 한다면 환경 보호를 하지 않으려고 할 테니까 말이에요.

그런데 아무리 환경 보호가 중요해도 불편한 정도를 넘어 사람들의 생활을 위협하거나 특정한 사람들이 장기적으로 경제적 손실을 입게 된다면 그런 식의 환경 보호에는 많은 사람이 참여하기는 어려울 거예요. 그래서 정부나 환경단체, 녹색당 등이 사람들이 환경 보호에 참여도 하면서 건강 유지에도 도움을 받고, 아름다운 풍경도 즐기고, 경제적으로도 손해를 보지 않을 수 있는 대안을 마련하기 위해서 노력하는 것이 중요해요.

환경을 보호하는 것이 아무리 옳은 일이라고 해도, 거기에 많은 사람들이 참여하게끔 노력하는 것은 옳고 그름을 가리는 것과 다른 문제이니까, 별도의 관심이 필요한 거죠.

장공부 선생님은 오함께 님과 비슷한 입장을 갖고 계신 것 같아요.

사회샘 그렇게 느껴졌을지도 모르지만, 선생님은 항상 중립적이려고 노력하고 있어요. 결정을 내리는 것은 여러분 몫이에요. 오늘 수업은 여기까지만 할까요?

학생들

네!

1. 노 임팩트 맨(No Impact Man) 체험하기

NO IMPACT MAN
A Guilty Liberal Finally Snaps, Swears Off Plastic, Goes Organic, Becomes A Bicycle Nut, Turns Off His Power, Composts His Poop and, While Living In New York City, Generally Turns Into a Tree-Hugging Lunatic Who Tries to Save the Polar Bears and The Rest of the Planet from Environmental Catastrophe While Dragging His Baby Daughter and Prada-Wearing, Four Seasons-Loving Wife Along for the Ride.

노 임팩트 맨(출처 : 크리에이티브커먼즈)

그렇게 불평을 늘어놓으면서도 모든 게 아무 문제없는 것처럼 생활하고 행동하고 있었다. 평소처럼 평범한 일상을 보냈다. …… 내가 세계 문제를 위해 무엇을 할 수 있다는 생각조차 하지 않았다. 어찌되었건 정부가 아무 것도 하지 않는데 내가 무엇을 할 수 있을까 싶었다. 다른 사람들을 바꾸고 싶어 하면서 거울을 들여다볼 마음은 없거나, 아니면 들여다보지도 못하는 것과 다름없었다. 내가 아직 학생이었다면 나를 상대로 데모를 벌였을 것이다. …… 만화처럼 슈퍼 히어로를 운운하지 않더라도, 환경 위기가 찾아왔을 때 내가 앞장서서 모범을 보일 수 있다면 어떨까? 세상을 위에서부터 바꿀 능력은 없어도 제한된 룰 안에서나마 밑에서부터 변화를 시도해 보면 어떨까? '

– 콜린 베번 저, 이은선 역, 『노 임팩트 맨』, 북하우스 –

1. 밑줄 친 부분을 통해 저자의 내부에서 어떤 마음의 정치가 일어나고 있을지 상상하여 동그라미 속을 채워 보자.

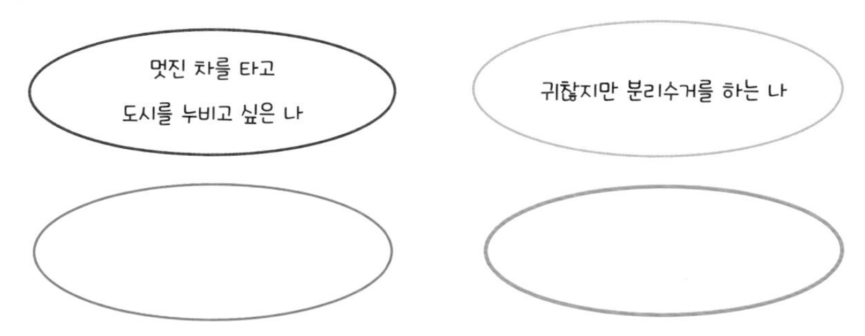

2. '노 임팩트 맨'의 주인공을 보면서 환경 보호를 위해 스스로 할 수 있는 것과 할 수 없는 것을 적어 보자. 그리고 그 이유를 이야기해 보자.

할 수 있는 것	이유
예 종이를 재활용 하는 것	이면지를 모아서 연습장으로 활용할 수 있을 것 같고, 비교적 분리하기도 수월할 것 같다.
예 종이컵 사용을 줄이는 것	텀블러를 사서 들고 다닐 수 있다.

할 수 없는 것	이유
예 자동차를 타지 않고 학교 가기	집과 학교의 거리가 너무 멀어서 걸어 다니거나 자전거를 이용하는 것은 불가능하다.
예 근거리에서 생산된 농산품만 먹는 것	내가 가장 좋아하는 과일 중 ○○○은 국내에서 생산되지 않는다.

3. 2번에서 할 수 있다고 적은 것들을 1주일 동안 실천해 본 후 자신의 마음의 갈등을 어떻게 해결했는지 적어 보자.

6장

2. 아마존 개발과 보존을 둘러싼 갈등, 어떻게 풀어야 할까?

(가) 에콰도르의 '아마존 개발 보류 보상' 요구 무산

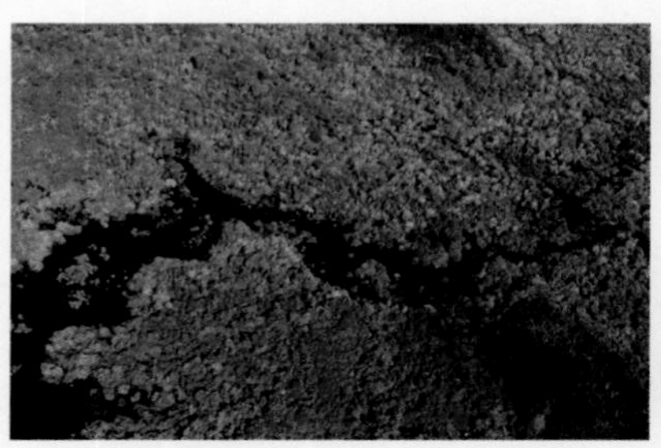
세계 열대 우림의 60%는 아마존 강 유역에서 찾을 수 있다.(출처 : 크리에이티브커먼즈)

에콰도르의 코레아 대통령(출처 : 크리에이티브커먼즈)

에콰도르가 아마존 밀림에서 원유 채굴을 하지 않는 조건으로 국제 사회에 36억 달러(약 4조 89억 원)을 요구했다가 6년 만에 거절당했다. 이에 따라 코레아 에콰도르 대통령은 국익을 고려하여 아마존 내 야수니 국립공원의 원유 채굴 승인을 의회에 요청하기로 결정했다. 야수니 국립공원은 에콰도르 전체 원유 보유량의 20%를 차지하는 곳으로, 원유 채굴이 이뤄질 경우 이산화탄소가 4억 1천만 톤 정도 더 배출될 것이라 예측되고 있다. 아마존 밀림 개발 대신 보상금을 요구하는 것은 2007년 에콰도르 대통령이 제안한 것으로, 처음에는 참신한 해법이라고 주목받았으나 대다수 국가들이 보상금 지급을 꺼리면서 결국 무산되기에 이르렀다. 이러한 결과에는 보상금 사용처를 일방적으로 결정하겠다는 에콰도르의 입장이 영향을 끼친 것으로 보인다. 코레아 대통령은 실제 채굴하는 땅은 소규모라 환경 피해가 크지 않을 것이며, 국가 예산의 1/3을 석유에 의존하는 에콰도르 입장에서 빈곤 문제 해결을 위해서는 개발이 불가피하다고 주장하고 있다. 현재 이곳 정글에는 2개의 원주민 부족이 수렵과 채집의 방식으로 살고 있으며, 야수니 공원 채굴로 얻을 수 있는 이익은 향후 10년간 73억 달러에 이를 것으로 예측된다.

(나) 아마존 개발 반대 국민 투표 청원 기각

환경 다양성의 보고라 할 수 있는 아마존 열대 우림 내 야수니 국립공원 개발을 둘러싸고 에콰도르 내부가 시끄럽다. 에콰도르 대통령이 아마존 개발 보류를 명목으로 국제 사회에 보상금을 요구했다가 무산되자 의회에 개발 승인을 요청하면서 국내 환경 단체와 원주민들의 반발이 거세지고 있다. 정부는 석유 개발을 통한 빈곤 탈출과 경제적 이익을 강조하는 반면, 환경단체와 원주민들은 국민 투표를 통해서라도 이를 저지하겠다는 입장을 취하고 있다. 아마존 원시림의 원유 채굴에 대해 국민투표를 하기 위해서는 최소 85만 명의 투표 청원이 필요했고, 환경 보호론자와 원주민들이 원유 개발 반대를 위해 만든 단체인 '야수니도스'(Yasunidos)를 중심으로 서명운동이 이루어졌다. 그러나 결국 85만 명의 서명 중 일부를 인정받지 못함으로써 국민 투표 청원은 기각되고 말았다.

1. 아마존의 열대 우림이 개발되면 어떤 일이 벌어질까?

2. 에콰도르 대통령이 원규 채굴을 보류하는 대신에 국제사회에 재정지원을 요구한 것은 타당한가? 그렇다면(혹은 그렇지 않다면) 그 이유를 적어 보자.

3. (가)에서 국제 사회의 재정 지원이 무산된 이유는 무엇일까? 어떻게 해야 에콰도르의 재정 지원이 이루어질 수 있을까?